U0304833

CANG CUI ZHI

苍翠志

苍翠志

CANG
CUI
ZHI

○

莫幼群 著

安徽美术出版社

图书在版编目（ＣＩＰ）数据

苍翠志：五十种中国原生树木 / 莫幼群著 . — 合肥：
安徽美术出版社，2022.8
ISBN 978-7-5398-9618-2

Ⅰ . ①苍… Ⅱ . ①莫… Ⅲ . ①树木－植物志－中国
Ⅳ . ① S717.2

中国版本图书馆 CIP 数据核字 (2021) 第 068475 号

苍翠志——五十种中国原生树木　　莫幼群　著

出 版 人：王训海
责任编辑：徐　力　　褚　靖
责任校对：陈芳芳
责任印制：欧阳卫东
设　　计：孙　康
出版发行：安徽美术出版社
社　　址：合肥市政务文化新区翡翠路 1118 号出版传媒广场十四层
邮　　编：230071
营 销 部：0551－63533604（省内）　0551－63533607（省外）
印　　刷：合肥新安彩印包装有限公司
开　　本：787 毫米 ×1092 毫米　　1/16
印　　张：11
版　　次：2022 年 8 月第 1 版
印　　次：2022 年 8 月第 1 次印刷
书　　号：978－7－5398－9618－2
定　　价：68.00 元

精选 50 种中国原产植物，勾勒华夏数千年草木版图
轻灵散文式的知识小品，传递大地哲学与生活美学

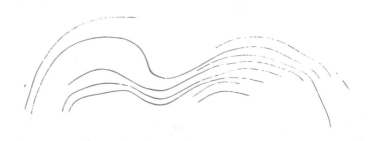

莫幼群

作家、安徽诗歌学会副会长兼秘书长。

先后在多家报刊开设专栏；出版有杂文集《书生意气》《思想钝刀》，时尚随笔集《人在时尚里容易发呆》，植物学随笔集《草木皆喜》，音乐随笔集《偏听偏信》，中国文化随笔集《最美的思想》《最美的草木》《最美的鸟兽》《最美的食馔》，英国文化随笔集《温柔的怜悯》，科幻小说《漫游 2050 年》，诗集《你比所有的花都活得长久》《千叶集》《节日是一首温情的歌》等 20 余种著作；主编有《最美中国丛书》（共 30 卷）、《品读·安徽文化丛书》（共 20 卷）、《致孩子·中外名人家书》（共 5 卷）。

目 录

多面之桃

——桃树

最有中国特色的花是什么花？多数人会说是梅花或牡丹，也有少数人说是兰花或莲花，而我却以为，是桃花。

桃，无论是花，是树，还是果，都特别中国，对应着中国人的几个最重要的欲望，映照着中国人的爱与怕，梦与伤。

桃原产于中国，关于桃的记载最远可以追溯到周朝，《诗经·国风·周南》中即有《桃夭》一诗。后逐渐传播到亚洲周边地区，再从波斯传入西方，桃的拉丁名称 Persica 意思就是波斯。

在中国古代神话传说中，桃是一种可以延年益寿的水果，神仙多食用桃。《西游记》中孙悟空看管的桃园，出产的桃子人吃了可以立刻成仙。这种将桃与长寿相连的文化一直延续到现在，寿桃永远是寿庆仪式上最显眼的符号之一。

桃的另一个文化功能是辟邪。相传东海东少山上住着神荼、郁垒二位神仙，手持桃枝，专司捉妖拿邪。战国楚人认为桃树是可以驱鬼辟邪的。《荆楚岁时记》记载南朝楚地风俗："元旦服桃汤，桃者五行之精，能压服邪气，制御百鬼。""正月一日……造桃板著户，谓之仙木，百鬼所畏。"《本草纲目》说："桃味辛气恶，故能压邪气。"道士作法时也常用桃木剑降妖伏魔，《封神榜》载姜子牙用桃木剑降妖兴周。从很早的时候开始，中国人就在门外悬挂桃木符或桃木做的对联，以驱散包

括怪兽"年"在内的不祥之物。王安石的诗句"总把新桃换旧符",说的正是这样一种民俗。

桃的第三个重要的文化指向是爱情。《桃夭》云:"桃之夭夭,灼灼其华,之子于归,宜其室家。"这是一首送新嫁娘歌,用美丽的桃花比喻新娘。从此,桃花就与情爱这一人生重大问题关联在一起。"桃花运"是至今依然鲜活的词汇。(生活中离不开小清新,也离不开小小的闷骚和明骚。李银河先生说,古代中国人对同性恋持一种与当时的西方迥然不同的包容态度,古人形容男同性恋者的一个成语即为"断袖分桃"。)

以上三大文化功能叠加在一起,似乎催生出一种矛盾之树。它的树干和花的文化指向可谓南辕北辙,而它的果也和花分别导向"养生"和"放纵"这两种截然不同的身体语言,并由此导向了两种不同的人生轨迹。这样的矛盾和这样的纠结,使桃树越发变得有趣起来。

桃不仅以这种有趣的姿态,长久而深远地渗入民俗生活,同时也折射出文人士大夫的心路历程。从《诗经》"灼灼其华"的饱满——那是充沛的欲望和生命力,到《桃花源记》的奇幻——那是理想和诗意栖居的载体,再到李白"桃花流水窅然去,别有天地非人间"的豁达——那已经带有一点离别的怅惘和隐逸的孤单,到崔护"人面不知何处去,桃花依旧笑春风"的感伤——那是对命运难以把握的无奈之感,到唐伯虎"我笑世人看不穿"的看穿——那已经有了红尘看破的空幻,再到孔尚任《桃花扇》的凄凉——终于成为一把见捐的秋扇……

也可以说,先是粉红的面颊,接着是梦想的表情,再接着是惆怅的侧影,是愁苦的眼神,是清癯的背影,最后是失血的纤指……这就是桃,在每个时代的艺文和风尚中悄然在场,不知不觉中,留下了一幅关于一个民族和一种文化的精神画像。

但委顿了也好,在干枯的地方,重新发芽,重新生长,重新繁荣。中国人和中国文化的生命力从来就像离离原上草,让世人惊叹。

仁爱之杏

——杏树

"小楼一夜听风雨，深巷明朝卖杏花。"陆游的这两句诗写得太过优美，每每让人在"沾衣欲湿杏花雨，吹面不寒杨柳风"的人间四月天，心甘情愿地于绮梦中沉醉。

曾拍出千万元天价的清雍正杏林春燕小碗，则刻画了一幅晴朗的画面，两只燕子欢快地穿行杏花丛中，让看客的心也似乎要随之飞翔。

一首小诗，一只小碗，定格了千百年前的美好，也把杏花推举到我们眼前。

杏树是古老的花木，公元前数百年问世的《管子》中就有记载，因此至少在我国已有两三千年的栽培历史。它既能采果又能赏花，在果木生产和城市美化上都处于重要地位。

盛开时的杏花，艳态娇姿，繁花丽色，胭脂万点，占尽春风。居家庭院中如成列种植，春日里红云朵朵，非常壮观动人。也适于单植赏玩，如和垂柳混栽，在柳叶吐绿时相互辉映，更具鲜明的色彩。树龄十多年以上的老杏树，姿态苍劲，冠大枝垂，若孤植于水池边，可在水中形成古色古香的倒影，趣味无穷。

杏花有变色的特点，含苞待放时，朵朵艳红，随着花瓣的伸展，色彩由浓渐渐转淡，到谢落时就成雪白一片。"道白非真白，言红不若红。请君红白外，别眼看天工。"这是宋代诗人杨万里的《咏杏五绝》，他

对杏花的观察可谓细致入微，仿佛19世纪法国印象派画家莫奈，一眼就看出了伦敦的雾是红色的，而一经莫奈点破，抬起眼睛向上看的世人才从平日的熟视无睹中醒来。顺便再说一句，杨万里总有一双最奇诡的看花之眼，他所留下的许多咏草木的诗篇，代表了古代咏物诗的最高水准，其中还蕴含着观察视角等方面的诸多变革，堪称艺文界一场小小的"视觉革命"。

杏花是春的信号，也是其他惊喜的符号，我们的诗人在杏花出场之前，总是喜欢抑扬顿挫。"应怜屐齿印苍苔，小扣柴扉久不开。春色满园关不住，一枝红杏出墙来"，便是典型例子，先是对春色的渴念和对友人的抱怨，紧接着笔锋一转，一颗失落的心也得到了安慰。与之有异曲同工之妙的是小杜的"清明时节雨纷纷，路上行人欲断魂。借问酒家何处有，牧童遥指杏花村"，可以想象一下那烟雨蒙蒙的情景：劳乏的行人希望找个酒家，歇脚避雨，饮酒浇愁，于是问路牧童，牧童随手一指，那隐约可见的枝头红杏，那随风飘飘的古朴酒旗，顷刻之间唤起了行人心中多少热情和温馨啊！红杏出林，粉红似霞，遥而可及，望而心动。流浪漂泊的心在红杏林边的小小酒店得到了暂时的安顿，行人心头顿时涌起一股暖流——轻轻的喜悦，淡淡的欣慰。杏花在一幕幕微型诗剧中，总是拯救心魂的要角，于妩媚里藏着几分善意，甚至几分仁爱。

再从这一角度延伸下去，杏树竟与两大最崇高的事业联系在一起，一是教育，二是医疗。可见这杏在古人的潜意识里，占据了多大的分量。

先说杏坛。杏坛在山东省曲阜市孔庙的大成殿前。相传此处是孔子讲学之处。《庄子·渔父篇》载："孔子游于缁帷之林，休坐乎杏坛之上。弟子读书，孔子弦歌鼓琴。"宋代以前此处为大成殿，天圣二年（1024年）孔子四十五代孙孔道辅监修孔庙时，在正殿旧址"除地为坛，环植以杏，名曰杏坛"。于是，"杏坛"成为教育圣地的代名词。金代于杏坛上建亭，元世祖时重修，明代隆庆年间改造为重檐方亭，清代乾隆皇帝题匾。亭四周有石栏围护，四方有甬道可通。亭前石炉，雕刻精美，是金代文物。亭四周遍植杏树，每至春和景明，杏花盛开，灿然如火。孔子五十六代孙孔希学《题杏坛》诗云："鲁城遗迹已成空，点瑟回琴想象中。独有杏坛春意早，年年花发旧时红。"

再说杏林。三国时期，吴国有一位医生，名叫董奉，家住庐山。他常年为人治病，却不接受别人的报酬。得重病的人，他给治好了，就让病人种植五棵杏树；病情不重的人，他给治好了，就要病人种植一棵杏树。这样十几年以后，杏树就有十多万棵了。春天来临，董奉眺望杏林，仿佛绿色的海洋。他感到十分欣慰，就在林中修了一间草房，住在里面。待到杏子熟了的时候，他对人们说，谁要买杏子，不必告诉我，只要装一盆米倒入我的米仓，便可以装一盆杏子。董奉又把用杏子换来的米，救济贫苦的农民。后来人们在董奉隐居处修建了杏坛、真人坛、报仙坛，以纪念董奉。根据这个传说，人们用"杏林"称颂医生，用"杏林春暖""杏林春满""杏林满园"或"誉满杏林"等来赞扬医生的高明医术和高尚医德。其实，杏花、杏子和杏仁本身就是最寻常的中药，杏花被称为"中医之花"。杏花味苦，性温，无毒，有美容作用，可治痤疮、黄褐斑。而药用最多的是杏仁。杏仁可分为苦、甜两种。入药苦杏仁为优，食用以甜杏仁为主。苦杏仁性温，有微毒，具有止咳、平喘、祛痰、润肠、通便等功效。

"客子光阴诗卷里，杏花消息雨声中"，和陆游同时代的陈与义这两句诗写得也同样优美。读书和受教，似乎就合该在种着杏花的地方，当杏花落在书页之间的时候，抬一抬倦眼，看看蓝天白云，想想前尘往事，吃一块杏脯，补气，嚼两枚杏仁，补脑。

劳作之桑

——桑树

　　有一拨孩子，统统是养过蚕的。那是生于 1965 年至 1975 年之间的孩子。如果要加一个定语，那应该是"县城"。只有县城里的孩子，才会把养蚕当作一桩新鲜事，而又没有其他更高级的玩乐。

　　那时候的确是闲，一放学就会跑到家后面的小山坡上，给蚕宝宝准备口粮。山坡上长着几棵已经有些年头的大桑树，枝叶婆娑，爬上树小心地把叶子摘下来，手上和身上都沾染上好闻的叶子的青气。美国大作家威廉·福克纳名著《喧哗与骚动》里面，那个天生智力障碍者的班吉常说，他能从姐姐凯蒂的身上闻到一股树叶的味道。我看到这儿，心里想，这实在不稀奇，我们那时候个个都带着树叶的香气呢。

　　回到家，再小心地将桑叶上的水珠抹干，因为带水的叶子蚕宝宝吃下去，是会拉肚子的。蚕吃桑叶的声音实在很大——但凡吃得欢，就肯定是吧唧嘴。尤其在夜间听来，更是如此。或许正是这个原因，有人把蚕叫作"蚕马"。作为孩子，听着蚕马吃叶子的声音，想到这"马儿"脚下的"草原"是自己提供的，心里面那是相当得意的。

　　桑树在古代是如此重要，以至出现了两个词，一个是"桑麻"，本意是植桑饲蚕取茧和植麻取其纤维，后来指代整个农事。陶潜《归园田居》诗之二云："相见无杂言，但道桑麻长。"还有孟浩然的名句："开轩面场圃，把酒话桑麻。"另一个就是更有名的"桑梓"，指代自己的

故乡。关于这个词的来历，出自《诗经·小雅·小弁》："维桑与梓，必恭敬止。靡瞻匪父，靡依匪母。"古人常在家屋栽种桑树和梓树，母亲以桑树养蚕，父亲以梓树作木材。作为人子，要对这两种浸润父母汗水的树木表示敬意。古人每每思乡心切，便用"桑梓"来比喻，如唐代大诗人柳宗元的《闻黄鹂》中就有"乡禽何事亦来此，令我生心忆桑梓"的感伤之句。

多数人都知道，桑树的叶可以用来养蚕，果可以食用和酿酒；还有少数人知道，桑树树干及枝条可以用来制造器具，皮可以用来造纸，叶、果、枝、根、皮皆可入药。那么，与"桑"对举的"梓"究竟有什么功用呢？梓树的嫩叶可食，皮是一种中药（名为梓白皮），木材轻软耐朽，是制作家具、乐器、棺材的适当材料。此外，梓树是一种速生树种，在古代还常被作为薪炭用材。概括说来，桑树所产的丝扮美了人们的身躯，梓树木材为"养生送死"之具，贯穿了人们的一生。正是因为桑树和梓树与衣、食、住、用有着如此密切的关系，同时还作用于人们的精神场域，所以能够担得起"故乡"二字的物理分量和心理分量了。

当然，那时候年纪小，乡思和乡情还未正式萌芽，以上这些个典故也并不是孩子们的兴趣所在。孩子们感兴趣的除了桑叶，还有桑葚。那是中国式的蓝莓啊！古时候丹麦有个国王叫哈拉尔，特别喜欢吃蓝莓，牙齿常常被染成蓝色，就此获得"蓝牙"的绰号；而吃完桑葚的人，露的可是紫牙。

几年前我在一家杂志社工作。上班的路上，会路过一段高墙，墙那边种着几株高大的桑树，枝叶伸到这边来。和我一起走在这条路上的，还有附近一所学校的许多中小学生。但貌似没什么孩子去采桑叶，养蚕肯定已经是不时髦的前尘往事了，他们有克隆、转基因、人工智能、云计算的大学问要研习。许多桑葚落在地上，似乎孩子对此也兴趣不大，他们奔向了不远处的卖棉花糖或冰激凌的小摊。偶尔会有附近工地的民工跑过来，拿一根带钩的长杆，去够绿叶间的桑葚。此时不知他们是否想起了自己的桑梓，而我，分明想起了当年的蚕马。

国器之漆

——漆树

近些年，人们对于漆器明显看重起来。古董市场上，漆器屡创拍卖纪录。我个人喜欢漆器胜过瓷器，比起瓷器的易碎和冰冷，它有着木质的柔韧和温暖，同时因为漆的保护，又更耐腐朽，历久弥新。

漆器的光彩有一多半来自漆，而漆之所以成为中国器物文明的一大代表，自然是拜漆树所赐。

我国对于漆树的栽培，在春秋的时候即已开始，到了战国时代，出现了专门的漆园，漆园是负责漆树种植、生漆生产和管理的机构。当时的漆园是非常重要的部门。一个做生漆的地方，算什么要害部门呢？拿现在的观点似乎不好理解。但我们知道，在周代之前，人类文明经历了旧石器时代、新石器时代、青铜器时代。其间已经出现了漆的使用，而到了春秋战国时期，漆器被广泛使用，在很大程度上逐渐替代了青铜器的地位。漆器工艺在汉代发展到顶峰，以后再没有间断过，直到现在，漆器还作为手工艺品为人称道。当然，我们现在见到的漆器多是日常用品。而在战国时代，漆器不仅包括日常用品，更重要的还被用于兵器，像战车、枪械、弓箭等凡是木质部分都要使用漆。所以，生漆不仅是重要的生活物资，更是重要的战略物资，必须由政府加以管控。

《史记·老子韩非列传》说："庄子者，蒙人也，名周。周尝为蒙漆园吏。"但并没有对"漆园吏"作进一步说明。有专家认为，庄子任职的地方在宋国；但也有专家认为，庄子所就任的正是漆器大国——楚国的漆园吏。现今出土的楚国漆器风格别致，由于楚国信奉神灵（这一点我们从庄子和屈原的作品里就可以领略到），所以楚国漆器的装饰富于神秘感和想象力，艺术价值极高。再加上楚国是战国时期新兴的实力派国家，野心很大，所以在军备上也是不肯放松的。楚国大量种植漆树并且重点管理，就在情理之中了。那么，庄子的"漆园吏"属于哪个级别的负责人呢？用现在的说法，庄子当时是国家重要战略物资管理部门主管、大型国有军民两用企业主管，并且带有一定的行政级别，远远不是什么"保管员"。当然，即便这样一个重要职位，在邦国内部也不算什么大官，所以后人多说庄子的"漆园吏"是"微官"，这个理解是大差不差的。

当然，无论官职的含金量是大是小，在生性脱俗的庄周眼里，都如同浮云，既不如一只蝴蝶那么翩然入梦，又不如一条鱼那么自得其乐，更不用说与鲲鹏之类的相提并论了。

古人究竟是如何采漆的？和热带居民割橡胶差不多，割开漆树的树皮，流出的乳液即是生漆。伤痕越多，代表功勋越多。生漆是优良的涂料和防腐剂，易结膜干燥，耐高温，可用以涂饰海底电缆、机器、车船、建筑、家具及工艺品等；种子可榨油，果皮可取蜡，木材可作家具及装饰品用材。

每到秋天，漆树的叶色变红，也很美丽。或许这一份独特的美，挂冠而去的庄周在回首往事的时候，也会有那么一点留恋。

灵雾之茶

——茶树

造纸术、火药、指南针、印刷术，是中国人在器物上的四大发明，对世界文明贡献极大。其实可以把纸换成瓷，再把纸移到另一个领域：植物领域，加上丝、茶、豆腐，则是中国人植物性的四大发明。如果不移动纸的话，则可把稍后的漆提拔上来，构成另外一个体系的四大发明，曰：丝、茶、漆、豆腐。

每一项都无比珍贵。

有了丝绸，才有了丝绸之路；有了茶叶，才有了茶马古道。这两个极其轻的物品，却驱使着沉重的步履，承载着厚重的希望。

先是发现之、栽培之，继而改良之、升华之，然后传播之、共享之——我国是世界上最早种茶、制茶、饮茶的国家，茶树的栽培已有几千年的历史。在云南普洱市有棵"茶树王"，高13米，树冠32米，已有1700年的历史，是现存最古老的人工栽培茶树。唐朝陆羽所著的《茶经》是世界上第一部关于茶的科学专著，他被人们称为世界上第一位茶叶专家。

古之文人，是要把喝茶变成行为艺术的。元代画家倪瓒素好雅饮，一位叫赵行恕的宋皇室宗亲慕名来访，倪瓒加入核桃、松子肉等精心烹制成清泉白石茶，赵皇室连饮几碗，而与饮普通茶一样毫无异色。倪瓒见之，艴然而起，说道："我念你是王孙，特地烹此绝品茶，谁知你一点也品不出风味，真是俗物啊！"从此便与之绝交。

那时候送人茶叶的也不嫌麻烦，往往连茶带水一起奉上，以示体贴。苏东坡任杭州通判时，曾得友人赠送龙团茶和被陆羽评为第一的庐山康王谷水，这家伙高兴坏了，特地以水为镜，来照照自己那张名士的脸，然后赋诗曰："此水此茶皆第一，共成三绝鉴中人。"尽管有臭美之嫌，但造作之人的可爱之处，大概也就在这里吧。

茶树属山茶科山茶属，为多年生常绿木本植物。一般为灌木，在热带地区也有乔木型茶树，高达 15~30 米，基部树围 15 米以上，树龄可达数百年至上千年。栽培茶树往往通过修剪来抑制纵向生长，所以树高多在 0.8~1.2 米。茶树经济学树龄一般在 50—60 年间，也就是说，一棵茶树可向人类贡献茶叶半个世纪以上。

茶树的叶子呈椭圆形，边缘有锯齿，叶间开五瓣白花，果实扁圆，呈三角形，果实开裂后露出种子。春秋季时可采茶树的嫩叶制茶，种子可以榨油，茶树材质细密，其木可用于雕刻。

单看上去，茶树其实并不好看。只有在雾气中的茶树，才显出它动人的姿态。茶树是离不开雾气的，非得以雾相熏，才能保持其品质。清晨山上多雾，土壤和空气中水分较足，便于茶树吸收，茶叶就比较饱满。如果说名酒得益于水之灵，那么名茶往往得益于雾之灵，这一种得天独厚，是大自然特有的恩赐。

许多名茶的名字里都带有"雾"字，有的把自己摆得更高一点，带上"云"字——云雾缭绕之间，茶就不再只是茶了，而是一首首朦胧诗。站立在一片片青翠茶叶上面的，是一座座云雾里的名山形象。有如此底气，才有如此灵气。

茶的种类很多，根据制作方法的不同，可分为绿茶、红茶、乌龙茶、白茶、普洱茶等，各有各的妙处，而香甜和清爽是它们的共同特点，那一种"清"，是作为动物性饮品的牛奶难以比拟的；而那一种"和"，又是同为植物性饮品的酒所不具备的。

即便是砖茶这样的普罗大众茶，也能让人在畅快的牛饮中获得甘甜；即便是奶茶、酥油茶这样的复合茶，也因为茶的加入，而拥有了独特的芳香和清格。

平日的茶叶蜷缩在一起，样子很低调，但别担心，在沸水中，曾经失却的水分，将得到加倍的补偿，它们将傲然开放，开放得比在树枝上还要好看。

离别之柳

——柳树

柳树是最先报道春之消息的树木。

"文革"之后的伤痕文学中，有一篇很早也很著名的《柳眉儿落了》，以柳为题，大约也是最先报道春声的意思吧。

当积雪慢慢融化，柳树间朦胧的绿色，还不成形，而是一团雾，这绝不是你对春天望眼欲穿的眼睛发花，真的是一团绿雾出现了。后来这雾给枝条拽住，变成了鹅黄般的嫩芽，无数人看到了，都想说点什么，直到姜夔说出"看见鹅黄上柳条"；几乎和他同时的杨万里，也在《新柳》一诗中故作娇嗔地写道："柳条百尺拂银塘，且莫深青只浅黄。未必柳条能蘸水，水中柳影引他长。"这也算是一种拟人化的童年视角吧。

孩子们是永远喜欢柳树的，"柳叶儿活，抽陀螺"，这首民谚说的就是蛰伏了一个冬天的孩子们，和柳叶一起复活了，陀螺儿飞转，风筝儿飞天，童年的时光既漫长又飞快。而柳叶可以做成柳哨，柳条可以编成草帽，都使童年拥有了别样的色彩。

但柳树更重要的文化职能，还是见证离别。自隋唐以来，灞桥柳就特别有名，在长安郊外的这个送别的地方，长长的柳条随风舞动，似欲拽住远行客的衣袂；"柳"又谐声"留"，似又天然地构成了一个祈求句：折柳欲留君知否？

渭城朝雨浥轻尘，客舍青青柳色新。

劝君更尽一杯酒，西出阳关无故人。

王维诗中的场景发生在陕西一带。那时的陕西还有山西，作为文明中心，经济繁荣而又气候温湿，要算是全中国最发达和最青翠的地方吧，试想，柳叶如果不是嫩得能掐出水来，又怎能作为似水柔情的载体呢？可惜，我十多年前去山西，在太原周边所看到的柳树，几乎与水嫩沾不上边了，各种自然的或人造的灰尘，使柳树全身蒙垢，简直让人不忍相看。这么多年来，我们都对大自然做了些什么啊？

柳一直是离别的背景，我们自信得永远把自己当作主角，以为这背景永远不会移走。其实包括柳树在内的许多草木，或许正在用无声的语言，向我们道别，而这一别，将永不相见。

乡思之槐

——槐树

槐树算是比较矜持的树种。周围的许多树都绿了，它却没有丝毫动静；连枫树都绿了，它还是一点不着急。但体内强大的驱动力到底不肯罢休，终于把一团团嫩叶赶到了枝头。这些嫩叶还有点不情愿似的，缩头缩脑的，像耷拉的小羽毛。

女大十八变，槐树一天天地好看起来，原先丑小鸭一般的叶子出落得窈窕、水嫩，而且特别干净。我以为，槐树叶是植物界最好看的叶子之一，鲜嫩得能掐出水来，即使在盛夏季节，也不像其他树叶那样变得色暗质厚，水分依然涵养得很好，当得起"平衡美人"这个称号。

从形态上看，槐树是一个矛盾体，水灵的树叶和苍老的树干似乎很不搭配。是什么使得那皱裂的树干历经寒冬而不枯竭，是什么使得那一年一年的青春准时到来？是心间那一份执着的怀想吧。

槐者，怀也。因为时时有怀想为底，所以年年引青春入怀。

这样的怀想可以特别悠远。"问我祖先在何处，山西洪洞大槐树。祖先故居叫什么？大槐树下老鹳窝。"这首民谣数百年来在大江南北、长城内外广为流传，浓缩着多么绵长的思乡情绪。"洪洞大槐树"，也由此成为中国思乡文化的一个重要地标和经典图景。

这样的怀想可以特别火辣。"高高山上一树槐，手把栏杆望郎来。娘问女儿望啥子，我望槐花几时开。"纯洁少女的期待，如槐花般芬芳袭

人。"我家门前一树槐,手扳槐树望你来。等你三年不来了,平川望成石崖了。"哀怨少妇的渴望,有如槐刺般尖利扎人。最素朴的民歌中,往往隐藏着最炽烈的情怀。

这样的怀想可以特别凄楚。相伴 40 多年的老妻病故，梁实秋先生悲伤不已，六万多字的《槐园梦忆》一蹴而就。满纸"槐园"都是"怀园"，读者无不为其痴情感动。不久之后他又结新欢另当别论，当时的真心应是无疑的。

这样的怀想可以特别童真。槐树是一代又一代人童年时的亲密伙伴。槐花可食，嚼起来甜津津的，有一种特殊的清新味儿；用槐花做汤，晶莹剔透，色味俱佳；用槐花做饼，香气诱人，弥久不散……一边品着美味，一边听着大槐树下"南柯一梦"的故事，不亦快哉。

在怀想方面，还有更宏大的叙事，缠绕着对于古老帝国的回忆。树木而冠以国字号的，唯有槐树一家吧。早在周代，朝廷内就兴起了种植槐树之风。槐被用来比喻国家的栋梁，"槐鼎"一语，比喻三公之位。《周礼·秋官》说："朝士掌建邦外朝之法，面三槐，三公位焉"，就是在皇宫外种植三棵槐树，代表司马、司徒、司空三公的品位。到了大唐盛世，槐树更是成为朝廷绿化当仁不让的主角，象征着至高无上的威仪。据《中朝故事》记载："唐长安承天门大街两侧的槐树次第排列成行，犹如官署中当差的衙役一般，因而被称为'槐衙'。"这种风气一直延续了下去，自元代建大都城起，国槐就是北京行道树的当家树种，到明清两代北京的行道树基本上都为国槐。

昨天的政治是今天的文化。现在走在北京的街上，还是能看到许多槐树，但不复有往日帝国的威仪了，而是有了一些遗老遗少的气质。但一缕精气神还在，没有被雨打风吹去。

"拂槛槐花十里开，清润香甜入诗来，槐安国里南柯梦，槐花忆我我忆槐。"在对无边往事的怀想之中，我们仿佛看见了青春那不老的容颜，看到了那飘荡了千百年而依然活泼的精魂。

槐者，魂也。

遗爱之棠

——甘棠

我工作的安徽新华物流园办公楼，南边就是马路，楼前种着一排树。其中一棵总在三四月里，开出白色的船形花朵，此时树叶还不多，一只只"小船"仿佛挂在太空港的基座上，随时准备出发，把春天的消息散布到整个宇宙。

一开始不知道这种春树的名字，后来一查，才知道是自古就大名鼎鼎的甘棠。

甘棠是一株诗经之树。《诗经·召南·甘棠》："蔽芾甘棠，勿翦勿伐，召伯所茇。"陆玑疏："甘棠，今棠梨，一名杜梨。"《史记·燕召公世家》："周武王之灭纣，封召公于北燕……召公巡行乡邑，有棠树，决狱政事其下，自侯伯至庶人各得其所，无失职者。召公卒，而民人思召公之政，怀棠树不敢伐，歌咏之，作《甘棠》之诗。"因为西周时期召公在甘棠树下公正、勤勉地办理公务的典故，后世便以"甘棠"称颂循吏的美政和遗爱。

汉代王褒《四子讲德论》："非有圣智之君，恶有甘棠之臣？"《隶释·汉赵相雍劝阙碑》："至赵国府君，在官五载，莅政清平，有甘棠之化。"可见，在古代，甘棠一直是良吏的象征。古人云"苛政猛于虎"，恶吏使百姓畏之如虎；而良吏者，则使百姓甘之如饴也。

甘棠即棠梨。在后来的诗歌创作中，棠梨的身影不断出现，但其"能指"范围逐渐扩大。有时候，它是野趣的一面旗帜。如北宋王禹偁的《村行》：

> 马穿山径菊初黄，信马悠悠野兴长。
>
> 万壑有声含晚籁，数峰无语立斜阳。
>
> 棠梨叶落胭脂色，荞麦花开白雪香。
>
> 何事吟余忽惆怅，村桥原树似吾乡。

此诗有着无穷画意，经典的中国美丽乡村——说句题外话，美丽乡村真不是建设出来的，而是自然形成的——我在想，如果我国大师吴冠中和俄罗斯大师列维坦看到如斯风景，他们该如何画呢？可能，吴大师偏空灵，列大师偏浑厚。最后一句"村桥原树似吾乡"是经典的催泪写法，此句一出，所有的读者都会"竟夕起相思"吧。

有时候，棠梨是烂漫的一种符号。如南宋范成大《碧瓦》：

> 碧瓦楼头绣幕遮，赤栏桥外绿溪斜。
>
> 无风杨柳漫天絮，不雨棠梨满地花。

是啊，棠梨花开不断，飘飘洒洒，如梦如雨，和漫天卷地的梨花雨有一拼。

有的时候，棠梨是伤感的一种催化。如唐代白居易《寒食野望吟》：

> 乌啼鹊噪昏乔木，清明寒食谁家哭。
>
> 风吹旷野纸钱飞，古墓垒垒春草绿。
>
> 棠梨花映白杨树，尽是死生别离处。
>
> 冥冥重泉哭不闻，萧萧暮雨人归去。

白居易似乎有着荒野情结，少时即有"野火烧不尽，春风吹又生"的神来之笔。对于荣枯、生死的观照，使其作品有了一种超拔的高度。

还有的时候，棠梨是纯洁的一种密码。如无名氏的两句诗，我偶然在网上看到，极喜欢：

> 玉人初着衣，棠梨第一花。

美得纯洁，美得脱俗，美得别致。如玉的船形花里，盛满了少女情怀。

棠梨，学名豆梨，别名鹿梨、野梨、鸟梨等，蔷薇科梨属落叶乔木。产山东、河南、江苏、浙江、江西、安徽、湖北、湖南、福建、广东、广西等地。适于温暖潮湿气候，生于海拔80~1800米的山坡、平原或山谷杂木林中。花期4月，果期8—9月。棠梨的果实极小，到了成熟时果径也仅有1厘米左右，形似小豆子，故名"豆梨"。

人们喜爱甘棠这种树，也喜欢这个名字。安徽黄山市、福建福安市、湖北娄底市、广西宾阳县，都有甘棠镇。这是分别在纪念历史上哪一位良吏的"甘棠之化"呢？我特别想翻开当地的地方志，好好搜寻一番。

政声人去后，遗爱天亦知。

肃穆之柏

——柏树

孔子曾说："岁寒，然后知松柏之后凋也"，孔子崇尚松柏，他的老家曲阜孔林和孔庙院内，至今古柏林立。

柏树，分枝稠密，小枝细弱众多，枝叶浓密，树冠完全被枝叶包围，从一侧看不到另一侧，像一个墨绿色的大圆锥体。有专家认为，柏树名称源自"贝"，"柏"字与"贝"字读音相近，"柏树"就是"贝树"，表示树冠像贝壳的一类树。我国古代崇尚贝壳，以贝壳为货币。和远古时期的许多文化现象一样，崇尚呈圆锥状的贝壳也源于生殖崇拜。由于柏树像贝壳，在远古时期，柏树也有一定的生殖崇拜意义，中国人在墓地种植柏树，有象征永生或转生、新生的含义，可能就是远古生殖崇拜的遗风流俗。

这是一种健康而超脱的生死观。在古人看来，柏树似乎就是一个驿站，让生和死在此处做一个交接，当旧生命逝去的时候，立即就有新生命上路；这也只是一个中转站，并不是终点，旧生命并非停滞，而是开始了另一段旅程。或许，一个更有诗意的说法是，并非有两个生命，原本就是一个，还是那一个，只不过是两个不同的时段而已。

炎黄子孙自古就有着很强的柏树情结，柏树是一个重要的精神上的坐标，而这个坐标又分解为无数个节点，进入华夏大地上的许多地方的植物谱系和文化谱系，在每个地方都树立了一种标杆。

五十种中国原生树木

苍翠志

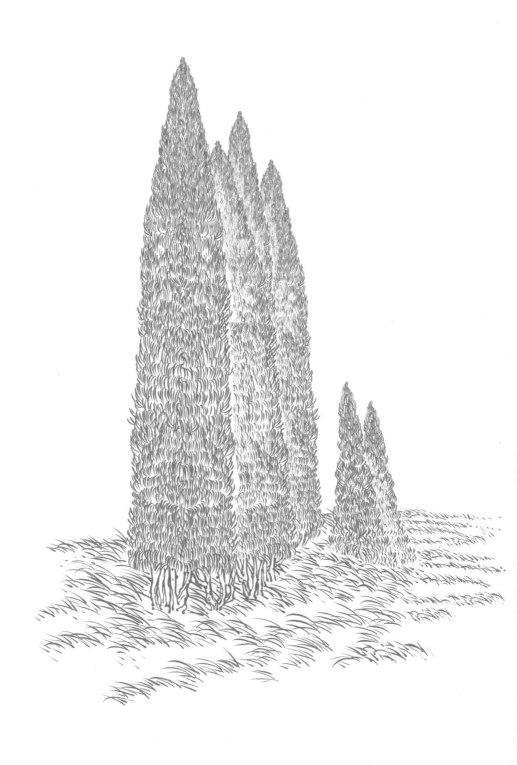

陕西省黄陵县桥山黄帝陵分布着 80000 余株古柏，是世界上最大的古柏林。黄帝陵院内的轩辕手植柏号称"世界柏树之父"，树高 20 米以上，胸径 7.8 米。虽经历了 5000 余年的风霜，至今干壮体美、枝叶繁茂，树冠覆盖面积达 178 平方米，树围号称"七搂八拃半，疙里疙瘩不上算"。由于世界上再无别的柏树比它年代久远，因此英国人称它是"世界柏树之父"。

世界上的单体柏树王位于西藏林芝地区，是著名的旅游景点。林芝柏树王园林位于 318 国道旁，距八一镇 5 千米，海拔 3000 米，园内面积约 0.1 平方千米，有 900 多株柏树，平均树高 30 米，平均胸径 100 厘米，最大一棵高 50 多米，胸径 5.8 米，2600 多岁，确实是世界奇观。

红桧，也是柏树的一个品种，著名的台湾"阿里山神木"就是一棵红桧，高 58 米，胸径 6.5 米，材积 504 立方米，树龄 3000 多年。

从华夏文明的发祥地到位于世界屋脊的藏区，再到海峡对岸的美丽宝岛，柏树的影子拉得很长很宽，把整个中国都包容在它那经冬不凋的绿荫之下了。

古人赞誉柏树为"百木之长"。从守土有责、万死不辞的意义上说，柏树确实有地道的长兄风范。

冬舞之松

——白皮松

北京的冬天，是看松柏的最好季节；而天坛，自然是看松柏的最好去处。

天坛，按照其建造者的本意，是人与上天对话的地方。但我总觉得有点玄虚。在天坛，更实在的一种对话，是人与古树的对话。坛内有一万余株古老的松柏，其中2000多棵树龄在300年以上。这些松柏已经很老很老了，有的几乎从木质变成了石质，离化石只有一步之遥——此刻的它们，已经不是在为自己活着，而是在为那从来不曾断裂的历史活着。你凝望着它们，不，严格来说，应该是它们逼视着你，让你感叹自身的渺小和人类的脆弱。于是，你一下子从一个观光客变成了一个朝圣者，想把自己短暂的生涯，浓缩成一个小黑点，供奉在松柏那历经沧桑的巨大年轮面前。

上个世纪70年代美国国务卿基辛格游览天坛时，曾赞叹道：凭美国国力，完全可以在美国土地上复制出一个天坛，但无法复制出这些拥有几百年树龄的松柏树林。也正是为了欣赏这些松柏，基辛格先后十游天坛。

只是看多了松柏，也会因为过于肃穆而带来一点紧缩的感觉，它们的树冠是收敛的，它们的枝叶是灰暗的，像一个个过分严肃、过分内敛的仁者。但造物主总是那么体贴，考虑得那么周到，正当你渴望一种明媚与灵动的时候，你与白皮松不期而遇了。

我是在故宫的后花园里第一次看到白皮松的，当四周的空气都快被严寒冻住时，白皮松像一个潇洒的舞者，激活了整个庭园，明媚了整个天空。从外形上看，它似乎是松树和法国梧桐的"混血儿"，树冠比普通松柏要舒展得多，叶子虽为针形，但已经有了明显的婆娑之态。特别是它的树皮，有一种难以形容的斑斓之美。在北京的冬天里，白皮松的舞蹈是多么难得！须知，此时万木凋零，内敛的松柏正在静思，落叶的法国梧桐正在安眠，白皮松是在独舞，更是在领受了整个树家族交付的使命之后，身披迷彩舞衣，代表其他的树兄弟们完成一场绝美的演出。

北京大学校园是另一个树木理想国，白皮松散落其中，数量不多却很显眼。我也是在一个严冬于北大校园里漫步，沿着未名湖畔的林中小径边走边看，头顶掠过寒鸦的叫声，不远处传来溜冰者的嬉闹声，四周高大的松柏、槐树、白蜡树就像一个个着装严整、色调暗沉的古代侍卫，几株白皮松身形并不魁梧而颜色出挑，仿佛披着时尚迷彩服的现代战士——那树皮的色块搭配真叫一个漂亮啊，大约时装设计师见了，脑海里就会诞生本年度的流行色吧。

白皮松是亚洲地区唯一的针叶为三针一束的松树树种（其他松树多为二针一束或五针一束），其树干干皮在幼年时平滑呈绿色，到中老年则变成为白色，故名白皮松，树皮多作不规则的鳞片状向外翻卷。国外林学家认为白皮松是世界上最美丽的树种之一，称它为"花边树皮松"。据说，是德裔俄国人亚历山大·冯·辛格博士在北京寺庙附近首先发现白皮松的，时间是在1831年。又据说，咱们的北戴河是一位英国工程师发现的，而香格里拉是一位美国飞行员发现的。其实，称为"发现"很不确切，顶多也只是在西方文化眼光烛照之下的"第二次"发现。因为，我们的古人早就把白皮松当作"白龙""银龙"或"神龙"看待，并留下许多赞颂白皮松的优美诗篇。如唐代诗人张著有诗云："叶坠银钗细，花飞香粉干。寺门烟雨中，混作白龙看"，就惟妙惟肖地刻画出白皮松的美妙舞姿。

　　有人说王维"明月松间照，清泉石上流。竹喧归浣女，莲动下渔舟"中的"松"写的就是白皮松。我没有考证过，只是觉得，从整首诗的氛围看，恰好需要白皮松的斑斓舞步，若是普通的松树形象，就稍嫌瘦了一点、静了一点。不是吗？仁者和舞者，在你心中引起的感觉是不同的。白皮松会让你的心灵欢快地起舞。我在"敏思博客"上，看到一位叫薇雨的年轻网友写的随笔，写她在校园里的白皮松树下长久地徘徊，仔细阅

读这种色彩斑斓的美丽树木，文中就写出了那种心灵起舞的感觉：

　　每片树皮的形状也很神气，可以说，绝对没有两片相同的树皮，形状各异，大小不一，给人好多遐想。树皮一面粉白，细看小孔里有晶莹的银片在闪烁；一面深红，带有小小鳞片，有着风霜的痕迹。我拾了一片不大不小的，说，我想带你回去，不好意思了，你和这里道个别吧。

　　我转到树的另一边蹲下来，刚巧发现一片树皮的形状和树上一块浅绿的空缺一模一样，原来它的家在这里！我把它贴上去，给它一点回家的感觉。然后我接着找了另外几片树皮的家，真好玩。没想到白皮松还能提供这么好玩的拼图游戏呢。将来我如果有小孩子，就带他到这里玩啦。

　　我自己是写不出这么欢快的文字的，可能我从心态上已经越来越接近一个紧缩的仁者了。

郁郁之松

——黄山松

在我国那么多的山岳中，黄山是有点儿霸道的，所谓"五岳归来不看山，黄山归来不看岳"，一下子就切断了所有山岳的退路。

在松树当中，黄山松又是颇为霸道的，因为只要这棵松树长在800米以上的山上，无论它是长在泰山或恒山，还是长在华山或九华山，它就得叫黄山松，必须的。

顺便说一句，长在800米以下的这种松树，我们统称为马尾松。

黄山自然是有理由"霸道"，都说黄山贵在奇绝，以"奇松、怪石、云海、温泉"四绝闻于世，又兼有他山之长，如泰山之雄伟、武夷之秀逸、华山之险峻、恒山之烟云、庐山之飞瀑、峨眉之清凉、雁荡之巧石。所以看饱了黄山，再看他山，难免审美疲劳。

黄山松同样有理由"霸道"，因为它就是一个顶天立地的"励志哥"。我在西海大峡谷的石阶旁看到一棵黄山松，真的是从石头中硬生生地"钻"出来的，看不到一点泥土的迹象，而针叶还是那么青翠，姿态还是那么傲人。为了防止游客抚摩它的根须，山上的管理人员用铁丝网把这棵松树的根罩了起来。其实，此举有些多余，我想，每个路过此地看到它的人，都会深深地敬佩和仰视，又怎么会起亵玩之心？

对，青翠，一点不错，简直可以用"青翠欲滴"来形容。我们想象中的松树，色调总是沉重的，针叶总是灰暗的，但黄山上的松树在那样

——五十种中国原生树木

苍翠志

贫瘠的环境生长，却长得郁郁葱葱，分外养眼。有一次我去光明顶的路上，路过一片低矮的松树林，几秒钟前还是雾气弥漫，就在我靠近松林的时候，日破云涛万点金，阳光洒在一丛丛针叶上面，那绿色，真是好看至极，青春而明媚，让人忍不住回想起自己年轻时的容颜，更让人想起西晋左思的两句诗：

郁郁涧底松，离离山上苗。

真是绝配，左思在中国诗歌的最青葱的年代，看到了最青葱的郁郁之松——所谓的"妙手偶得之"，其实乃是"天时地利人和"的产物啊。

在黄山始信峰附近，海拔 1620 米处，还有一棵松树大大有名，以至于一棵树就造就了一个景点。那就是"黑虎松"。传说狮子林有一高僧入定时，见一黑虎卧于松顶，后寻黑虎不见，只见古松高大苍劲，干枝气势雄伟，虎气凛凛，故名为黑虎松。该松枝稠叶密，遮天蔽日，覆盖面积百余平方米。树高 9.1 米，树围 2.25 米，树龄 3000 年左右。国家一级保护名木，列入世界自然遗产名录。

据说曾经十上黄山的大画家刘海粟，每次都要画这棵黑虎松，他画着画着，有一天发现，这棵松树的造型其实就像一个草书的"虎"字。

这或许就叫：天工胜人工。

慈悲之松

——罗汉松

旅行中的艳遇，有三种，一是与人物之遇，二是与器物之遇，三是与植物之遇。前二种有得也有失，虽然得到了心爱之人的垂青或将心爱之物收入囊中，但有时候要冒着失去名声或金钱的风险；后一种则光是得没有失，完全是大自然的恩惠。

2018年1月，我坐在北海道札幌的宾馆里，看窗外大雪纷飞，淹没了道路，把房顶变成了白蘑菇，就想着：明天该去哪里转一转？在这大作家川端康成尽情渲染过的雪国里，又有哪些珍奇呢？经导游提议，我们去了札幌郊外的一家神社。这神社坐落在大片树林里，曲径通幽。车刚在停车场停稳，我们就小心翼翼地向林海深处走。四周的树以松树为主，东京的皇宫前种的是黑松，而这里主要是美国红松。皆高耸入云，顺着笔直的树干往上看，是雪后蓝蓝的天。但全是这样的"大个子"，也未必单调。于是，罗汉松出现了，上演了一幕小清新。

虽是寒冬，但罗汉松的叶子却大有春意，青翠无比，长长的细针状叶子舒展着，仿佛它承受的不是冬雪，而是春雨。就这样，我们经受着两次洗礼：一是被白雪洗着我们的肺脏，二是被绿叶洗着我们的眼睛。但这还不是高潮，因为真正涤荡我们心灵的罗汉松果即将登场——

果实饱满，形态完整，正像一个红袍罗汉倒坐在种托之上。大雪竟

不能侵其分毫，于四周的凛冽之中，这和尚姿态安详，稳坐如泰山，将肃杀的景象变成了慈悲的吟唱。

罗汉松乃是我国的原生树种，但以前在国内看，叶和果没有大雪的衬托，少了几分味道。今日在东瀛雪中见之，真如王维雪中见芭蕉，将树木的风度和傲骨尽收眼底。

罗汉松，别名土杉，罗汉松科罗汉松属常绿针叶乔木，高达20米，胸径达60厘米；树皮灰色或灰褐色，浅纵裂；枝开展或斜展，较密；叶条状披针形，微弯。花期4—5月，种子8—9月成熟。罗汉松和柳树、银杏一样，都是雌雄异株，雄株只会开花，不会结籽，只有雌株才会结种子。罗汉松果灰蓝色的呈球形部分，是它真正的种子，光润润的确实像个和尚头；下部呈倒卵圆柱形，较上部粗一些，呈红色，就像和尚身披一件红色袈裟，这个部分称为种托。松果口感清淡，且有些涩，通常小鸟会去啄食。

罗汉松产于我国江苏、浙江、福建、安徽、江西、湖南、四川、云南、贵州、广西、广东等省区，栽培于庭园作观赏树，野生的树木极少。罗汉松的浆、根、皮、叶均可入药，能止血、止痛、止咳等，是非常好的药材。材质细致均匀，易加工，可作家具、器具、文具及农具等。

罗汉松之所以广受欢迎，除了神韵清雅挺拔外，还有一股雄浑苍劲的傲人气势，再加上契合中国文化"长寿""守财吉祥"等寓意，十分讨喜。很多人往往在庭院里种上一两株罗汉松，为打造自己的"园式物语"添上点睛之笔。

大多数罗汉松的归宿，则是国人偏爱的盆景。罗汉松盆景树姿葱翠秀雅，苍古矫健，叶色四季鲜绿，有苍劲高洁之感。如附以山石，制作成鹰爪抱石的姿态，更为古雅别致。罗汉松与竹、石组景，极为协调。丛林式罗汉松盆景，配以放牧景物，可给人以野趣的享受。如培养得法，经数十年乃至百年长荣不衰，即成一盆绝佳的罗汉松盆景。

常作盆景的小叶罗汉松当中，"贵妃"罗汉松值得一提。其叶型肥厚短圆，蜡质泛光，枝条自然横向舒展成层，加上新发叶芽如含羞雏菊般卷曲低垂，叶色翠绿油润，具有一种美人含情舞动的美感，因而得名。"贵妃"罗汉松艳而不娇，较之"雀舌"罗汉松和"珍珠"罗汉松更胜一筹。它虫害少，生长迅速，抗病性好，生命力强。

　　但，还是期待着一场大雪从温暖的盆景园里升起。只有外界环境严苛，才能真正逼出罗汉们的内力。正如人世间，只有经过生活磨难的人，才能真正领略慈悲的伟力。

清绝之桐
——梧桐

其实，梧桐的名字本来专属于中国梧桐，后来因为来了法国梧桐（正式的名号是悬铃木），所以分别冠以国名以示区分了。

两者都是特别优美的树种，甚至可以说是有着音乐性的树种，再具体比方说，一个像小提琴，另一个像大提琴。或者换个比喻，中国梧桐像东方的古琴，清越，内敛；法国梧桐像西方的管风琴，恣肆，磅礴。

巧的是，中国梧桐正好可以用来制作古琴琴身，因为它的树身很直，与白杨相似。叶片呈三角星状，树干一般不粗。秋天里，叶子变成淡黄色，很富诗意。果实是球状的实心果，直径4~5毫米，有一层薄薄的壳，可生吃，也可炒来吃，只有豌豆那么大，跟豌豆的味道也差不多，吃着非常香。

法国梧桐则树干粗大（也不是很粗，比中国梧桐粗），叶片也呈三角星状，只是大得多。果实非常小，不能吃。叶子在秋天变成褐黄色，似乎没有中国梧桐的叶子好看。树冠很大，且因叶子很大，几乎完全遮住了树冠上面的阳光，所以最是适合做人行道遮阴树。

中国梧桐又有青桐、碧梧、青玉、庭梧之名称。最早见于《诗经》，《大雅·卷阿》有"凤凰鸣矣，于彼高冈。梧桐生矣，于彼朝阳"之句，成为梧桐引凤凰传说的最早来源。这说明在夏末周初，梧桐树就受到了当时人们的关注。其后的《尚书》《庄子》《吕氏春秋》等先秦文献均提及梧桐树。春秋吴王夫差建梧桐园于园中植梧桐树，梁任昉《述异记》载："梧桐园在吴宫，本吴王夫差旧园也，一名琴川。"

汉代梧桐树主要植于皇家宫苑，如上林苑。魏晋时种植梧桐树开始增多，晋代傅成《梧桐赋》述说了门前列行植梧桐树招引凤凰的盛观，有"郁株列而成行，夹二门以骈罗"之句加以称道。南朝著名文人谢朓《游东堂咏桐诗》有"孤桐北窗外，高枝百尺余；叶生既婀娜，落叶更扶疏"句，是在庭院中植桐。大规模种植梧桐树则是前秦王苻坚，《晋书·苻坚传》载"坚以凤凰非梧桐不栖，非竹实不食，乃植桐竹数十万株于阿房城以待之"。北魏贾思勰《齐民要术》对种植梧桐有"明年三月中，移植于厅斋之前，华净妍雅，极为可爱"之论。

唐代种植梧桐树极为普遍。《隋唐嘉话》记载："唐初宫中，少树，孝仁后命种白杨……更树梧桐也。"除了皇宫，私人园林中也广为种植。李贺《天上谣》诗"秦妃卷帘北窗晓，窗前植桐青凤小"是庭院中种植梧桐树的写照。宋代种植梧桐树也很多。北宋李格非《洛阳名园记》载北宋洛阳名园19处，多植有梧桐树，最著名是丛春园，"桐梓桧柏，皆就行列"。徐积《华州太守花园》诗"却是梧桐且栽取，丹山相次凤凰来"句，描述关中华州城官家园林中种植梧桐造景之况。

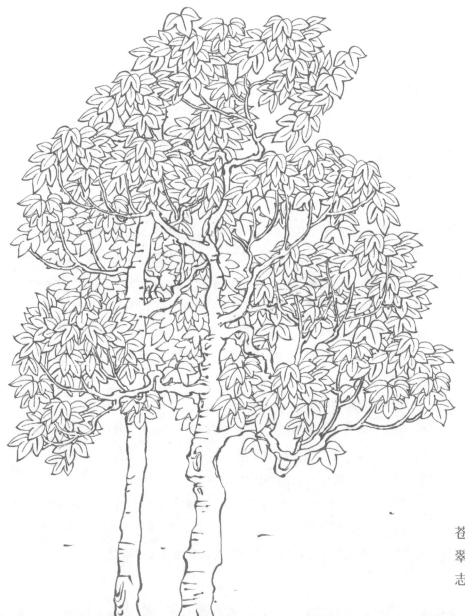

——五十种中国原生树木

苍翠志

　　明代梧桐树常栽植在庭前、窗前、门侧、行道旁。王象晋《二如亭群芳谱》云：梧桐"皮青如翠，叶缺如花，妍雅华净，赏心悦目，人家斋阁多种之"。陈继儒《小窗幽记》对庭院中梧桐树配置有如下高论："凡静室，前栽碧梧，后栽翠竹。前檐放步，北用暗窗，春冬闭之，以避风雨，夏秋可以开通凉爽。然碧梧之趣：春冬落叶，以舒负暄融和之乐；夏秋交荫，以蔽炎烁蒸烈之威。"这说明梧桐树已经成为中国园林美学中一个不可或缺的部件了。

　　清代种植梧桐树的热情不减，陈扶摇《花镜》对梧桐树造景有"藤萝掩映，梧竹致清，宜深院孤亭，好鸟闲关"之说。康熙时浙江著名文人高士奇于隐居处嘉兴平湖建"江村草堂"园林，园中辟有"碧梧蹊"景点，其作《江村草堂记》载其景是"兰渚后碧梧夹道，行其下者，衣裾尽碧。清露展流，则新枝初引；轻凉微动，则一叶飘空；墅中在在皆有，此地独多"。真是好一幅清雅的诗意栖居图！活在这样的画卷里，人也会像凤凰那样栖飞自如了。

　　进入近现代以后，梧桐树已被全国各地广为种植，机关、学校、工厂、公园、风景区、街道两旁等，均见有梧桐树的身影。但相比之下，法国梧桐的推广速度却比梧桐快上数倍，弄得咱们的青桐几乎真要成为"清绝之响"了，许多人多半不认识它，但对于法国梧桐倒是如数家珍。

　　想一想，由于古人常把梧桐和凤凰联系在一起，所以现在的人们还经常说"栽下梧桐树，自有凤凰来"，可见梧桐不是凡树，凤凰不是凡鸟，不入凡人之眼，原也是再正常不过了。

　　话虽这么说，也不可偏废。最好也能多种一些青桐，与法梧琴瑟相谐，有小提琴和大提琴的合奏，有古琴和管风琴的对话，才会更美妙更复调，整个城市才会更像一部交响诗。

不屈之梅

——梅树

最开始的时候，梅花是与少女为侣，与青春为伴的。

诗经中的"摽有梅，其实七兮；求我庶士，迨其吉兮"，翻译成白话就是："梅子落地纷纷，树上还留七成。有心求娶我的小伙子，请不要耽误良辰。"这是十分大胆的爱的宣言。韶华易逝，能不珍惜乎？

少年的手也把梅花紧紧相握。"江南无所有，聊赠一枝春"，从南北朝开始，寄梅给远方的游子，已成为文人间的一桩雅事。这里面有思念的怅惘，但更多的是一种风流和洒脱吧。所谓"少年游"，那种朗健的气势，配合着正在上升的强盛的国势，至今仍让人心向往之。

梅花妆起源于南朝刘宋时期。《宋书》记载寿阳公主"卧于含章檐下，梅花落公主额上，成五出之花，拂之不去，皇后留之，自后有梅花妆，后人多效之"。这样"天作之合"的美丽装扮，在唐代流行一时。现在我们已经看不到梅花妆了，偶或会在点心铺里看到梅花糕，轮廓倒也是梅花的模样。

宋代李清照的名句"和羞走，倚门回首，却把青梅嗅"，少女的无限可爱，跃然纸上。但这似乎就是梅与青春的最后一点瓜葛了。

或许是北宋之后，国力衰减，老大中国的威势不再，士大夫文化趋于内敛，连带梅花也受到了影响。它从青春的伴侣，变成糟老头子的私物了。陆游的"何方可化身千亿，一树梅花一放翁"，倒还硬朗，而到

了"梅妻鹤子"的林和靖这里，可就有些不堪了。

真的是"情到深处情转薄"，痴情到极致，有可能就成了变态，浓厚之情转化成了轻薄之意。一旦私物化之后，难免就玩物化起来，最终三寸金莲化了。

这三寸金莲就是龚自珍说的"病梅"。《病梅馆记》中惨痛地说道："江宁之龙蟠，苏州之邓尉，杭州之西溪，皆产梅。或曰：'梅以曲为美，直则无姿；以敧为美，正则无景；以疏为美，密则无态。'固也。此文人画士，心知其意，未可明诏大号以绳天下之梅也；又不可以使天下之民斫直，删密，锄正，以夭梅病梅为业以求钱也。梅之敧之疏之曲，又非蠢蠢求钱之民能以其智力为也。有以文人画士孤癖之隐明告鬻梅者，斫其正，养其旁条，删其密，夭其稚枝，锄其直，遏其生气，以求重价，而江浙之梅皆病。文人画士之祸之烈至此哉！"

但病梅，仍然可能是美的，在某一个时候，从某一个角度看，你会发现那扭曲的玩意儿仍然有一种美感。甚至如果你不知道这些典故，不知道这些美的历程，你或许会觉得梅花就应该是这样的，那么有画意，那么有雕塑感，那么有行为艺术的范儿——病态久了，也就成了常态。中国传统文化的迷人之处也就正在这里，你隐隐觉着有那么一点不健康、不明媚，但转瞬之间，你就安然地享受那种矫揉和荫翳里的快感了。

从草木的角度说，花儿的迷人之处同样也就正在这里。人们啊，你们尽可以去折腾一棵树，去扭曲一朵花，但它们仍然会在自己的生命力范围内，长出自己最美的样子，开出自己最美的姿态，并在骨子里，对于人类的苦心孤诣报以一两声嘲笑。

正是在这个意义上，我同意将梅花作为不屈的象征。

风骨之竹
——毛竹

傲雪的不仅有梅，还有竹。在大雪之下的毛竹，绿意丝毫不减，甚至因为有了雪水的滋润，那一丛丛绿越发亮眼。

如果说梅枝是以百弯不折喻刚强，那么竹竿更加直观，是以笔直喻刚直。而且竹竿和竹枝都是一节一节的，这也就和"气节"联系到了一起，再加上竹竿是中空的，又象征着虚心。以上三个方面形成合力，使得竹成为古人风骨的最佳代言之一了。

从美学上说，竹子恐怕是最有东方韵味的植物之一，特别像书法，它所对应的艺术品种应该是书法，就像兰草对应着淡墨写意，牡丹对应着浓墨重彩。我从书法里面看到了竹子，又从竹子里面看到了书法。瘦金体是修竹，而板桥体则是硕竹，各有各的美态。艺术大师朱德群旅居法国期间，最忘不了的就是这两个东方物件。他在巴黎画室的庭院里栽种着中国常见的青竹翠柏，并视书法为自己的最大爱好。在初到法国没有宣纸的时候，他用一种法国人拿来包肉的纸练习，后来功成名就，朱德群仍然保留着这个特殊的习惯。

从功用上说，竹子大概又是对人类最友好的植物之一，此无他，盖因竹林长得快，特别耐砍伐，大刀砍不尽，春风吹又生。对于人类来说，有这么一个近乎"取之不尽用之不竭"的物种，应是天赐之福了。2020年初，我去江苏溧阳的南山大竹海游览，算是"刻骨铭心"地感受到竹子这种彻底的奉献精神。

当天天气凑泊，先是下雨，后又飘雪，这样一来，雨中之竹和雪中之竹都看到了。但无论是什么季节，无论是什么天气，竹海深处的那一股源源不断的青气，永远占着上风，仿佛在说：这是我的地盘，这是我的王国，一切由我主宰。在蜿蜒的山道上走着，低垂的竹叶拂人衣袖，大约是想把那一股清俊的内力传染给游人。行走在这样的氛围中，神清气爽，步履轻松，很快就到了山腰处的竹文化博物馆。

进得博物馆大门，便被迎面而来的巨幅壁画所镇住。原先以为是油画，一看铭牌，才知取材于竹，正式名称为大型竹箬主题屏风《天目山水，竹海奇境》，内容反映溧阳天目湖及大竹海的雄伟壮观场面。艺术家黄亚南先生独具慧眼，发掘了竹箬那古朴的质感和高雅的色泽，发现了竹箬纹理与中国山水画中苔点衬皴法的契合，前后花了整整一年时间，一幅雄浑厚重的竹箬山水画终于大功告成。从山到水、从天到云、从远到近，画中所有元素全部用各种竹的竹箬组成，使天然的竹箬材质得到了艺术的升华。它是目前世界上首创的、最大的箬壳山水画作。

竹文化博物馆分为"竹之品""竹之用""竹之境"三大展馆，通过室内展区和室外互动区，融合南山的竹寿文化，充分将竹的文化底蕴、历史知识、各类用途呈现在人们面前。看后会发出这样的感叹：还有什么是竹子不能做的呢？从空灵的古代乐器尺八，到记录了一代代母亲吟唱的摇篮车；从提篮叫卖的竹篮竹筐，到色泽淡雅的全套组合家具；从大雅到大俗，竹子一概能满足需求……

还有什么是竹子不能做的呢？当年爱迪生发明灯泡，一直为用什么材料做灯丝苦思冥想。凡是植物方面的材料，只要能找到，爱迪生都做了试验，甚至连马的鬃、人的头发和胡子都拿来尝试。最后在一位日本朋友的启发下，爱迪生选择了竹。1880年上半年的一天，他将一把芭蕉扇边上缚着的一条竹丝撕成细丝，经炭化后做成一根灯丝，结果这一次比以前做的种种试验都优异，这便是爱迪生最早发明的白热电灯——竹丝电灯。这种竹丝电灯沿用了多年，直到1908年发明用钨做灯丝才

被取代。

还有什么是竹子不能做的呢？当代的时尚设计师们，也正是把竹子作为一种显眼的东方元素来使用，比如竹面笔记本，就是以竹子为外壳的笔记本电脑。不但从光滑竹皮外壳上透出天然纹路，还温柔绽放着隽秀雅致的精工雕花，犹如一本奉之高阁的藏书，古韵浓厚，内涵广博，越读越不忍放下。当然，这毕竟还属于小打小闹、小情小调，真正给人以震撼的还是日本设计师隈研吾建在长城脚下的"竹屋"，"长城脚下的公社"的一个组成部分。

竹屋既采用了竹子这一中国文化的典型符号，又洋溢着日本和式的空间美学。所有的装饰都围绕着竹子展开，外墙包上了一层竹子，立柱裹上了一层竹皮，洗手间的水池也用竹筒精心制成。众所周知，茶室是日本建筑的灵魂；而在这座竹屋里，设计师隈研吾最下功夫的正是竹茶室，力求达到寂静、简素的效果。竹帘、竹壁等交错的光影，让人误以为身在竹林，开敞地面向山谷更使得茶室内外空间连成一片——把大自然借入屋内，你中有我，物我两忘。

然而太静了，静得似乎只有心跳和花落的声音，而且在北方的山里用了太多的竹子，难免有点冷飕飕的感觉。但彻骨的禅意正好从这寂寥清冷中散发出来。这样的竹屋，我等俗人大约是消受不来的，因为到底还惦着世俗的温暖。恐怕也只有山中老僧与之般配了。关于老僧的吃食，清代《养小录》中写道："鲜笋皮尖，晒干瓶贮，不用盐，亦不见火，山僧法也。"

果然是不食人间烟火。

子遗之杉

——银杉

翻开世界植物史就会发现，大自然对华夏大地是相当眷顾的，总是把最有进化学意义、最为罕见的物种留在了这里。或许，在司树之神的眼里，这里就是诺亚方舟。

如果这个比喻成立的话，我以为诺亚方舟就是四川、云南、广西一带，那是一块飞地，似乎已经脱离地球上的其他地方而存在，携带着许多植物王国里的珍稀的子民。

银杉就是其中名头最响的一位。远在地质时期的新生代第三纪时，银杉曾广泛分布于北半球的欧亚大陆，在德国、波兰、法国及俄罗斯曾发现过它的化石。然而，距今200万—300万年前，地球覆盖着大量冰川，几乎席卷整个欧洲和北美，但东亚的大陆冰川势力并不大，有些地理环境独特的地区，没有受到冰川袭击，从而成为某些生物的避风港。银杉、水杉和银杏等珍稀裸子植物就这样被保存下来，成为历史的见证者。

银杉在我国首次被发现的时候，曾引起世界植物界的巨大轰动。那是1955年夏季，植物学家钟济新带领一支调查队到广西桂林附近的龙胜花坪林区进行考察，发现了一株外形很像油杉的苗木，后来又采到了完整的树木标本。他将这批珍贵的标本寄给了陈焕镛教授和匡可任教授，经他们鉴定，认为就是地球上早已灭绝、只保留着化石的珍稀植物——银杉。20世纪50年代发现的银杉数量不多，且面积很小，自

——五十种中国原生树木

苍翠志

1979 年以后，在湖南、四川和贵州等地又发现了十几处、1000 余株。

银杉是松科的常绿乔木，主干高大通直，挺拔秀丽，枝叶茂密。尤其是在其碧绿的线形叶背面有两条银白色的气孔带，每当微风吹拂，便银光闪闪，更加诱人，银杉的美称便由此而来。

水杉的发现比银杉稍早，也同样具有传奇色彩。此前，在欧洲、北美和东亚，从晚白垩纪到上新世的地层中均发现过水杉化石，但一直没有找到"活物"，专家们由此认为水杉已经灭绝。令人喜出望外的是，1948年，我国植物学家在湖北、四川交界的利川市谋道溪（磨刀溪）发现了幸存的水杉巨树，树龄 400 余年。后在湖北利川市水杉坝与小河发现了残存的水杉林，胸径在 20 厘米以上的有 5000 多株，还在沟谷与农田里找到了数量较多的树干和伐兜。随后，又相继在重庆石柱县冷水与湖南龙山县珞塔、塔泥湖发现了 200—300 年的大树。江苏省邳州市境内邳苍公路 40 千米水杉路，是世界上现存的最长的水杉带，被誉为"天下水杉第一路"，蔚为壮观。

银杉和水杉能"孑遗"在中国，这是司树之神的一种眷顾，也是一种信托，一种警醒和鞭策。还是那句老话："天行健，君子以自强不息。"

杉是一个大家族，除银杉和水杉，还拥有云杉、冷杉、黄杉等许多成员。我以为，它们是最为书卷气的一类树种，"文质彬彬"大约就是从"杉"来的。好比中国古代的士，为人刚直，而又文雅多礼。古老的杉与古老的士文化，可谓心心相印。

回想起 2007 年 6 月，我在云南香格里拉普拉措国家森林公园，第一次见到了真正的原始森林。森林的主角，是云杉和冷杉。我们先是乘船在碧塔海上游览，这是典型的高原湖泊，海拔已经达到 3500 米，号称云南省海拔最高的湖泊。湖水有着不动声色的高贵气质，清冽而又温润。下船后又乘游览车向山上行驶，当达到 3500—3700 米的海拔高度时，我们进入了原始森林的浩瀚海洋之中。

这是我有生以来第一次亲身体验原始森林。当年，年轻的达尔文随贝格尔号环球航行时，美洲的原始森林给他留下了非常深刻的印象："那些深深铭记在我的脑里的景象中，没有什么能比未被人手破坏的原始森林更壮观的了。……站在这些与世隔绝的地方，没有人能无动于衷，能不感到除了他身体的呼吸之外，在人性中还有更多的东西。"的确，我眼前的这一排排云杉、一排排冷杉，在完全属于它们自己的国度自由地生长着，看起来是那么质朴，看起来离人类文明那么遥远，但却似乎比我们更加文雅——它们放大了我们人性中美好的东西。

云杉和冷杉区别不大，我不能很清楚地将它们分辨，但我知道，它们都很美，而且活得很好。只见许多杉树的枝丫间生出白色的絮状物，我们都戏称"树长胡子了"。听导游介绍才知道，这东西叫松茸，相当于一个"环境监测器"，只有在空气、土壤、水分、光照等环境指标都非常好的时候，它才会从杉树上长出来，仿佛是一束束微笑的花朵。

当然，在云杉和冷杉林里面，我们也看到了那些倒下的大树，那些自然而然地倒下的大树。但并没感到多少伤感，因为这虽然是一个旧生命的结束，但更是无数新生命的开端。这些死去的大树仍然是森林的重要成员，发挥着难以替代的作用。倒地的树干能吸收雨水，保持土壤的潮湿。落叶和球果也容易在倒地树干的周围聚集。在它们逐渐腐烂后，其含有的营养素就逐渐释放进了土壤，因此死树周围的土壤变得特别肥沃，掉在那里的种子很容易生根发芽。蘑菇将在它们上面生长、繁衍，昆虫将以它们为食或在那里栖息，鸟类、两栖动物和哺乳动物也会在那里筑巢……

只有在原始森林里，一棵大树的倒下才不是个体的悲戚，而是整个森林的福祉。所以，像一个颐养天年的老者归天一样，不是憾事，而是喜事。你听，那些小野花、小野草乃至小动物们都唱起歌来，婉转地唱起歌来——向大树致敬，为大树送行。

诗心之叶
——银杏

别人去寺庙是礼佛，而我不仅礼佛，还礼树。寺庙里大多有银杏，和这庙的年纪一样老，比大多数佛像都要老。佛和银杏就这样长久地对视着，世间的一切纷扰都不曾进入它们的眼眶，银杏看着佛沾染上尘埃，又被虔诚的信徒拭去，佛看着银杏的树叶在春天里萌芽，在夏天里碧绿，在秋天里变黄，在冬天里落地，反复地演绎着"色即是空，空即是色"的轮回……这，才是至高境界的"相看两不厌"。

我中学时代将银杏叶夹进过诗集，也在北京的地坛捡过银杏叶，甚至自己还在盆子里养过一株小小的银杏树。很多人告诉我，这养不长的，你怎么能把一头鲸鱼养在鱼缸里？起初两年，银杏树长得挺好，在春天里萌芽，在夏天里碧绿，在秋天里变黄，在冬天里落地，但到了第三个年头，银杏树没有了任何动静，这使我十分失落，也使我明白一个道理：你永远不能把大象装进冰箱里。

我是不到二十就向往北大，但说来惭愧，要到年过五十才有机会到北大校园走了一遭。北大西门前共有4棵银杏树，华表旁各有一株为古银杏，没人能说清究竟是何年何月何人所种，不过据说都有300年以上历史。这些银杏生长在文曲星荟萃之地，应该沾染了很多文气。最被关注的是南华表旁的那株，不仅因为它古老，也不仅因为它好看，而是因为它自由。这株银杏的生长姿态极为舒展，一派汪洋恣肆，下层的枝

干几乎与地面平行，秋天黄叶婆娑，快要抚摩到泥土，可以说，满树枝枝叶叶的"表达权"都在天地之间得到了极大的尊重。当年北大校长蔡元培宣讲"独立之精神，自由之思想"，想必这树是心领神会的。

　　银杏是众所周知的活化石，又名白果树，生长较慢，寿命极长，从栽种到结果要 20 多年，40 年后才能大量结果，因此别名"公孙树"，有"公种而孙得食"的含义。银杏是树中的老寿星，且具有欣赏、经济、药用价值，全身是"宝"。

银杏最早出现于 3.45 亿年前的石炭纪，曾广泛分布于北半球的欧、亚、美洲，中生代侏罗纪的时候最为繁盛，白垩纪晚期开始衰退。至 50 万年前，发生了第四纪冰川运动，地球突然变冷，绝大多数银杏类植物濒于绝种，在欧洲、北美和亚洲绝大部分地区灭绝，只有中国自然条件优越，才奇迹般地保存下来。所以，被科学家称之为"活化石""植物界的熊猫"。贵州、江苏、山东、浙江、湖北，以及大别山、神农架等地，都残存着野生、半野生状态的银杏群落。由于个体稀少，雌雄异株，如不严格保护和促进自然更新，这些残存林将被取代。目前银杏分布大都属于人工栽培区域，主要大量栽培于中国、法国和美国南卡罗来纳州。毫无疑问，国外的银杏都是直接或间接从中国传入的。

贵州是银杏树的主要产地。全国 5000 年以上的银杏树大约有 12 棵，其中贵州就占了 9 棵，它们主要分布于紧靠贵阳周边 200 千米的范围内，其中位于福泉的那一棵银杏树是棵雄树，树龄大约有 6000 年，基径有 58 米，比一般的客厅还宽，该树的一代树已经死去了，心空了，外围是二代树。树高 50 米，要 13 个人才能围抱得过来，2001 年载入上海吉尼斯世界纪录，被誉为世界上最粗大的银杏树。据说有位老人长期在里面居住，并养了一头牛。

山东临沂市郯城县素有"中国银杏之乡"的美誉。在该县新村乡发现的一棵银杏雄树，高 42 米，围 8 米有余，谷雨时节可为方圆几十千米的雌树授粉，立冬后枝叶犹绿，落叶时集中于 8 小时内落尽，彼时似漫天金蝶飞舞，极为壮观。据明代余永麟《北窗琐语》记载，此树植于周代，传为郯国国君所种，距今已有 3000 年历史。因其古老悠远，传说甚广，当地百姓呼之为"老神树"。

山东日照市莒县浮来山的定林寺内的一棵银杏树，也已有 3000 多年历史了。传说它是西周初期周公东征时所栽。这棵银杏树生命力极强，至今仍枝叶茂盛，当代书法家王丙龙挥毫为之写下了"天下银杏第一树"的题字。

大约上古时候的人们，也想到过在银杏叶上写字吧。但试过若干次，发现此物尺幅太小，又不那么坚固。总之，银杏作为"候选队员"之一，必定参与过多少次试验，而最后古人选定了龟甲和牛骨，甲骨文就这样诞生了。后来又在纯天然的纸张之外，炮制出青铜器，炮制出真正的纸张，历史和文明的最佳载体终于出现了。再后来，有着浪漫情怀的文人又想到要找纯天然的纸张，他们的视线落在了蕉叶之上，这可是比银杏大得多的尺幅啊。但银杏还是不能完全了断与文字的缘分，人们把它制成书签，夹在书册里，让它和白纸黑纸抱得那样紧密。

我宁愿想象，如果上帝要给大自然写一首诗，那应该落笔在银杏叶上吧？其实根本不用写，银杏本身就是一首诗了，从远古一直低吟到现在。我也宁愿相信，所有那些在冬天里落下的银杏叶，包括我的那一小株，都没有消失，甚至没有化作尘土，而是被上帝存放在一个特别的空间，就像意大利影片《天堂电影院》里，把所有的接吻镜头都剪下来存放在一起一样。或许有一天它们会释放出来，复活了一个民族的文化脉络，也复活了每一个人的青春记忆……

恐龙之侣

——桫椤

有一种树，它与恐龙同时代甚至比恐龙还要早，如今，见识过恐龙的树不愿与俗人为伴，于是就逃进了深山。

在侏罗纪，桫椤曾是地球上最繁盛的植物，是远古恐龙的主要食物，与恐龙一样，同属"爬行动物"时代的两大标志。它的出现距今约三亿多年，比恐龙的出现还早一亿五千多万年。但经过漫长的地质变迁，地球上的桫椤大都罹难，只有极少数在被称为"避难所"的地方幸存下来。

闽南侨乡南靖县乐土村旁，有一片亚热带雨林。它是中国最小的森林生态系统自然保护区，为"世界上稀有的多层次季风性亚热带原始雨林"。在那里，桫椤静静地生长，远离世间喧嚣。

在遥远的南半球，生态保护状况极好的太平洋岛国新西兰也是桫椤属植物产地之一，尤其是银蕨。银蕨是新西兰的国花，和该国特异的国鸟几维鸟一起，被人们精心地呵护着。

桫椤别名蛇木，是桫椤科桫椤属蕨类植物，号称"蕨类植物之王"。如果要推举"最美叶子排行榜"，那么蕨类的叶子一定能名列前茅。银杏叶、乌桕叶是单体的美，而蕨叶是集体的美。一清如洗的嫩绿怡人，一丝不苟的对称分布，但丝毫不单调，而是宛如小提琴曲那么悠扬绵长。那是一个地球生命在尽力呼唤翅膀出现的时代，某些种类的恐龙正在向鸟类进化，而它们所食用的蕨叶恰恰呈现飞羽的模样，这似乎是一个有趣的"同构"。与大多数低矮的草本蕨类相比，桫椤是能长成大树的蕨类植物，故又称"树蕨"。树形美观，树冠犹如巨伞，虽历经沧桑却万劫余生，依然茎苍叶秀，高大挺拔，称得上是一件艺术品，园艺观赏价值极高。

由于桫椤是现今仅存的木本蕨类植物，极其珍贵，我国 1984 年公布的保护植物名录，将桫椤与银杉、水杉、秃杉、望天树、珙桐、人参、金花茶等一道，列为 8 种国家一级保护植物（将桫椤科全部种类列为国家二级保护植物）。物以稀为贵，四川自贡的"桫椤谷"由此特别引人关注，这里分布 2 万多株桫椤，是我国迄今发现的桫椤生长最为密集、高大、壮观的地区。

位于自贡荣县西南 48 千米的金花乡境内的桫椤谷，占地 10 平方千米，是古代造山运动形成的巨大漏斗形深谷，现已辟为自然保护区。桫椤谷内有四方井、桫椤湖、银盘山、老深沟四大景区，集桫椤、天然瀑布、湖泊、钟乳石、蕨类植物、原始丛林于一体，有"昔日恐龙粮仓，今朝桫椤氧吧"之美誉，俨然一座天然的植物乐园。

如果你能像鸟儿那样生出翅膀，请飞到桫椤谷上空向下俯瞰。只见大片大片的桫椤生长在幽谷之中，呈带状分布，植株一般高 2~3 米，最高的达 6~7 米。桫椤树干古朴，表皮花纹优美，树叶顶生，形状如同凤尾。有的独自成株，有的两三株并在一起生长，枝繁叶茂，遮天蔽日，形成壮美的景观。

时而有真正的鸟儿从你身边飞过，在深谷里滑翔，桫椤喜欢它们，认得它们是恐龙的后裔。

白鸽之翼

——珙桐

有一种树，它的使命就是飞翔，我说的是珙桐。

珙桐是中国的特有树种，但它却和一个法国神父的名字紧紧连在一起，这得从100多年前说起。1860年，32岁的法国神父大卫来华传教，这是一位植物爱好者。在北京传教的3年时间里，他采集了大量的标本带回法国。当1868年他再次来到中国后，经过长达1年时间的跋涉，到达四川青衣江上游的宝兴地区，在那里他发现了当时世界动物学家闻所未闻的大熊猫，也目睹了西方人从未见过的美丽树木珙桐。珙桐生在枝条上的巨大白色花朵，犹如悬挂着的一张张手帕，在微风轻拂下，又像白鸽在拍打着双翅，这使他惊讶不已。

当大卫再次回到法国，他的发现立即震动了西方世界，大卫也由于发现了珙桐而迷恋中国，最后于1900年老死于福建。为颂扬他在发现珙桐上的重大贡献，西方植物学家在给珙桐确定拉丁文时，加上了大卫的姓氏。

在大卫发现珙桐后，西方不少植物采集者都把采集这种美丽的树作为来华的目标之一，其中最著名的是英国的威尔逊。这位与中国植物结下不解之缘的著名植物采集家，一踏上中国的国土，就前往云南西南部，请教已在华生活了近20年的奥格斯丁·亨利。因为亨利曾任英国驻湖北宜昌领事，并报道过关于珙桐的见闻。亨利给威尔逊画了一幅珙

桐分布地图，并告诉他在宜昌周围与英格兰面积相仿的范围内都有这种树。

威尔逊根据亨利提供的线索，在长途跋涉之后来到神农架边缘地带，终于在一天黄昏见到了珙桐，但这只是一段立在农舍旁的珙桐树桩（大树已被人砍伐）。这一晚威尔逊几乎彻夜未眠，第二天一清早他就奔向附近的山林细心搜索，终于找到一片已经结果的珙桐林。

威尔逊因采集到珙桐而终生受雇于美国阿诺德树木园，他在《中国——园林之母》这部书中称："珙桐是北温带最美丽的树木。"

珙桐枝叶繁茂，叶大如桑，花形似鸽子展翅。珙桐的花紫红色，由多朵雄花与一朵两性花组成顶生的头状花序，宛如一个长着"眼睛"和"嘴巴"的鸽子脑袋，花序基部两片大而洁白的总苞，则像是白鸽的一对翅膀，绿黄色的柱头像鸽子的嘴喙。当珙桐花开时，张张白色的总苞在绿叶中浮动，犹如千万只白鸽栖息在树梢枝头，振翅欲飞，因此称为"鸽子树"。珙桐材质沉重，是建筑的上等用材，可制作家具和作雕刻材料。

作为"植物活化石"，珙桐早已成为国家一级重点保护植物中的珍品。在我国，珙桐分布很广。正如其名字一样，"珙桐之乡"的四川珙县王家镇分布着全国数量众多的珙桐。其他分布于陕西东南部镇坪、岚皋，湖北西部至西南部神农架、兴山、巴东、长阳、利川、恩施、鹤峰、五峰，湖南西北部桑植、大庸、慈利、石门、永顺，贵州东北部至西北部松桃、梵净山、道真、绥阳、毕节、纳雍等地。常混生于海拔1250~2200米的阔叶林中，偶有小片纯林。近年在四川省荥经县，也发现了数量巨大的珙桐林，达10万亩之多。在桑植县天平山海拔700米处，还发现了上千亩的珙桐纯林，是目前发现的珙桐最集中的地方。在国内许多地方，珙桐逐渐被引种成为观赏植物。北京植物园栽培的珙桐，能正常开花。这是目前所知中国大陆地区陆地栽培的最北位置。

2008年12月23日，17株珙桐树苗与赠台大熊猫"团团""圆圆"一起，搭乘台湾长荣航空公司的专机，作为"和平使者"一同飞往台湾。

自从 1869 年珙桐在四川被发现以后，先后为各国所引种。1904年珙桐被引入欧洲和北美洲，一度成为西方热门植物，不仅在美国白宫和一些著名的植物园中扎下了根，而且欧美的许多城市街头、居民庭院也在栽植，成为世界著名的园林观赏树。欧洲人喜欢鸽子，对这种白鸽落枝头的风景树格外青睐，并送给珙桐一个动人的名字——中国鸽子树。1954 年 4 月下旬，周恩来总理在世界名城日内瓦参加国际会议时，对街头巷尾一株株满树白花的美丽树木极为赞赏。自己国家这么美丽动人的风景树，却在异国他乡初次相遇，这使他感慨万分。

想起了 1950 年 11 月，为纪念在波兰华沙召开的世界和平大会，西班牙大画家毕加索在法国欣然挥笔画了一只衔着橄榄枝的飞鸽。当时智利的著名诗人聂鲁达把它叫作"和平鸽"，由此，鸽子才被正式公认为和平的象征，成为世界重大盛典中必不可少的角色之一。瞧，在这幅作品的诞生过程中，一共牵涉到四个国家。这就是普世价值，就是国际范儿。

有一种树，有着一种天生的国际范儿，它的名字其实就叫"共同"。

王国之榕
——榕树

有一年和几个朋友自驾，开车从合肥去深圳。头天傍晚路过江西赣州，匆匆找个酒店住下，放好行李就往郁孤台赶，终于在天色完全黑下来之前，来到了山坡上的辛弃疾雕像面前。"青山遮不住，毕竟东流去"，一种亘古不变的时间刻度，树立于青山之外、大江之外、花花木木之外……

第二天一早醒来，就发现入住酒店门口种着一排大叶榕。根系十分发达，甚至可以说有点"粗暴"了，盘根错节地从地下拱出来，将树根四周半径三四米内的马路路面拱得七零八落。根是畅快了，可惜地面毕竟硬化了，树枝上垂下来的气生根无处着落，终不能彻底快意"树"生了。

我们在酒店对面的米粉店吃过早餐，继续驾车向南走，一路上的榕树也逐渐多起来，小叶榕似乎更为常见。南国生嘉木，除了榕树外，各种热带树木环伺在公路两侧。这一段大约也是中国最美的高速公路之一，但转而一想，在这地方开山辟路，也是一种残忍，一种对植物的冒犯。

中午经过惠州，又去西湖景区看东坡遗迹。公园深处有几株树冠宏伟的榕树，投影面积覆盖了数百平方米的地面。横竖分明，横着长的树干像长长的独木桥，人能够轻松地在上面行走；竖着长的气生根已变为刚直的树枝，牢牢地扎进大地。横竖交错，构成极具几何张力的树木宫殿。游客进入这宫殿，感觉身心变得柔软，几乎要生出翅膀；而真正的鸟类栖身其中，会发自内心地将之视为天堂……

榕树，大乔木，高达 15~25 米，胸径达 50 厘米，冠幅广展；老树常有锈褐色气根。树皮深灰色；叶狭椭圆形，表面深绿色，有光泽。榕果扁球形，成对腋生，成熟时黄或微红色；雄花、雌花、瘿花同生于一榕果内。花期 5—6 月。

榕树分布于中国、斯里兰卡、印度、缅甸、泰国、越南、马来西亚、菲律宾、日本、巴布亚新几内亚和澳大利亚直至加罗林群岛。我国是榕树的原产地之一，它被评为福建省省树，也被福州、赣州评为市树。

林黛玉恨海棠无香，鄙人则恨庐州无榕。合肥号称"绿城"，但唯一的遗憾是榕树在露天无法成活，只能委屈地厕身盆景里。

这些盆景里的小叶榕，会念想着自己南方的亲戚，念想着家族里那些大名鼎鼎的长老——大榕树。

大榕树就是"独木成林"的榕树，活在天地间，活大发了，活通透了。"大"是它们个体劳心劳力的结果，也是天时、地利的给养。它们既高调又低调，高调是因为硕大无朋，傲视群木；低调是因为它们深知这是机缘巧合，是自己的生长之心与造物主之天意的凑泊。

造物主的造物，乃是大有用意的。一棵树就是一个王国，与之相比的大概只有海里的珊瑚了。海无边大，陆地其实空间很有限，所以陆上的榕树王国更令人感佩万分。榕树果的果径不到 1 厘米，但种子萌发力很强，由于飞鸟的活动和风雨的影响，使它附生于母树上，摄取母树的营养，长出许多悬垂的气根，能从潮湿的空气中吸收水分；入土的支柱根，加强了大树从土壤中吸取水分和无机盐的作用。这就是"独木成林"的奥秘。

中国榕树长老院里的名角，有很多很多。大榕树成为一地的自然地标与文化图腾，仅举几例如下：

广东新会大榕树。广东新会县环城乡的天马河边，有一株古榕树，树

——五十种中国原生树木

苍翠志

冠覆盖面积约 15 亩，可让数百人在树下乘凉。

桂林阳朔大榕树。史载，它与阳朔县同龄，至今有 1400 多年的历史。电影《刘三姐》中阿牛哥与刘三姐对歌、抛绣球、定情终身的一场戏就是在树下拍摄。这棵大榕树接待游客最高一年达 80 万之多。

汕尾海丰大榕树。1922 年夏，彭湃同志带着留声机，在大榕树下向农民群众宣传革命道理，揭露地主豪绅压迫剥削农民的罪恶，发动农民组织农会，开展了轰轰烈烈的海陆丰农民运动。1963 年海丰县人民政府委员会颁布其为县级重点文物保护单位。

…………

按照中国传统姓氏文化的说法，每一种姓氏都有自己的"郡望"，即一个或两个资源最集中的地方，通常是显贵家族发源和发迹之处。如果说每一种树木也有郡望的话，那么榕树的郡望无疑就是福建了。福建这块土地上，拥有两大奇观——榕树和土楼，长久以来与恒久的时间刻度相对峙。一棵大榕树就是一个自给自足的生态系统，在枝枝叶叶的庇护之下，鸟儿、虫儿们等大大小小生灵有福了；而一座土楼就是一个天圆地亦圆的家族乐土，在砖砖瓦瓦的护佑之下，那些颠沛流离的人子有福了！榕树之国与土楼之国挺立在大地上，前者是植物的生存智慧，后者是人类的生存智慧，皆能自成一个独立的小世界——

或者说，它们就是一个星球。

蓬勃之樟

——香樟

英国诗人艾略特说，四月是最残忍的季节。以前对其意不太理解，这几年是充分体会到了：忽冷忽热，反复折磨，刚有了一点希望又立即坠入绝望——简直快要把人逼疯了。

但一日从香樟树下走过——这香樟是作为行道树种植的，闻见细细的花香，怎么形容？恰如蔡琴所唱："像一阵细雨洒落我心底，那感觉如此神秘……"往上头一瞧，花香即出自头顶，原来香樟树开花了，小小的伞状花序，淡黄色的，很低调。真怪，以前一直没有留意香樟树花的样子，总以为它是在夏天开花，现在因为四月难熬，就格外渴望花香，而善解人意的香樟，竟将四月的残忍冲淡了许多。

香樟花的香有一丝甜甜的。所谓甜，是人类最可宝贵的感觉，是能够将人一下子拽入温柔乡的感觉。我经常在一些本来不该甜的食物中，真切地感觉到了甜，我知道，那一定是该食物在某一个微妙的时空点上与我的肌体产生了共振和共鸣，才让我那么甘之若饴。是啊，香樟花也是这样，而它所勾起的共振和共鸣来得是多么轻柔，又多么及时，仿佛就是大自然特意为四月里的人儿拉响的一段最温柔的小提琴曲。比较一下，就会发现桂花的香是外向型的，可用一个"闹"字来形容；而香樟花的香是内向型的，因为除了向人类奉献一点外，它还要把这香深深地储存在自己的枝条和茎干里。但与其说香樟吝啬，还不如说它完全摸透了人类的心理——这样的四月，来一点点细雨般的清香就好，朦朦胧胧的，清清浅浅的，最能援救人的心魂；如果是那种热辣辣的大香，一惊一乍的，还不把人熏倒？那时候该真的疯了。

香樟是樟目樟科樟属常绿大乔木，高可达30米，直径可达3米；树冠广展，枝叶茂密，气势雄伟，是优良的绿化树、行道树及庭荫树。产于我国南方及西南各省区。越南、朝鲜、日本也有分布，其他各国常有引种栽培。

香樟树长得很快，暮春和夏天的时候一场雨过，枝头就立即发出无数的新叶，像是沉不住气的孩子。许多植物的新叶都是红色的，香樟也不例外，所以我就管这香樟的新叶叫"红孩儿"。红孩儿骑在绿哥哥们的头上，使得香樟树的色彩更有一种层次美了。而在初春和深秋，由于天气变化频繁而又激烈，香樟叶子会呈现出更多层次的色彩嬗变。我经常在地上看到多彩的香樟叶子，绿、褐、黄、红、灰，各种色调交织在一枚叶子上，且有着像雨花石那样的美丽纹路。我时而会捡起来在手上欣赏良久。任是像印象派、点彩派画家这样的色彩大师，也画不出如此奇诡而美丽的色彩流变。而鲁迅先生在《野草》中把玩过的那枚枫叶，也未必有我手中的斑斓吧。也正如先生所说，这是一种病叶。我进而认为，这实际上就是叶子的病中日记：被侵蚀、被击打就是它无计可逃的命运，昨天的风霜相当于一记左勾拳，而今天的雨雪相当于一记无影脚……但香樟叶子却以这样一种令人感动的方式，把自己的伤病定格成一种傲，把季节的残忍定格成一种美。

正因为香樟长得快，所以不建议种在居民小区的房前屋后，长着长着就遮挡阳光了。那时候就得大刀阔斧地修理枝干了，很可惜，甚至很令人痛心，尤其是看到香樟枝叶掉落在冰冷水泥地上任人踩踏的时候。负责绿化的人士，就不能多动动脑筋吗？须知，植物也有痛感啊。

俄罗斯女诗人茨维塔耶娃为她家的书桌写了一首长诗，其中高潮部分是这么几句："我的忠实的书桌！／谢谢把一棵树干给予了我，／让它变成了一张书桌，／可它依然是株绿树——生机勃勃！"只是女诗人从未提到这书桌是用什么木头制成的。在她的启发下，我开始重新打量和清点我屋子里的木头伙计。与香樟有关的，计有：香樟木小佛像一尊，我从越南带回来的；樟木箱一只，我外婆传下来的；香樟熏衣木块数根，我妻子从淘宝上买来的，虽然香味日淡，但身躯犹存，不会像樟脑丸那样消失在空气里，而是永远生机勃勃！

满城之桂

——桂树

一说秋高气爽，后面必跟"丹桂飘香"，你可以在无数大会的欢迎词和婚礼致辞里面听到，由此可见，桂花已经上升为一种气候了，它是人们一年之中那几个月的天气，像日出和月落那么自然。

有杏花天，有黄梅时节，也有桂花天，而这桂花的时间"闹"得最长，完全可以称之为桂花月了。它是严冬来临前的一场市民的狂欢节，是感官的盛宴。

这盛宴从嗅觉开始，桂花的香不像兰花那么淡远，也不像栀子花那么浓腻，桂香是那种笼罩性的，不知不觉中，就完成了对于房前屋后的全面覆盖；

接着从嗅觉铺展到视觉，丹桂、金桂、银桂，三大桂种呈现出三大色调，都是最喜庆最吉祥的色彩，特有民族范儿；

再从视觉铺展到味觉，桂花茶、桂花糕、桂花酒、糯米桂花藕、烧桂花肠……尤其是烧桂花肠，让大肠在桂花之香下彻底臣服。

我国桂花栽培历史悠久。文献中最早提到桂花是战国时期的《山海经·南山经》，谓"招摇之山……多桂"。屈原在《楚辞·九歌》中也咏叹道："援北斗兮酌桂浆，辛夷车兮结桂旗。"自汉代至魏晋南北朝时期，桂花已成为名贵花木与上等贡品，引种于帝王宫苑。西汉刘歆《西京杂记》记载，汉武帝初修上林苑，群臣皆献名果异树奇花，共达两千

余种，其中有桂十株。在南朝梁、陈年间成书的《三辅黄图》也述及"汉武帝元鼎六年（公元前111年）破南越（古南越国，今广东、广西），起扶荔宫（汉代宫名，在上林苑中，地处今陕西西安），以植所得奇草异木"，其中就有桂一百株。当时栽种的植物，如甘蕉、蜜香、指甲花、龙眼、荔枝、橄榄、柑橘等，大多枯死，而桂花却成功地活了下来。唐宋以来，桂花栽培开始盛行。唐代文人植桂十分普遍，吟桂蔚然成风。宋之问的《灵隐寺》诗中有"桂子月中落，天香云外飘"的著名诗句，故后人也称桂花为"天香"。唐宋以后，桂花在庭院栽培观赏中得到广泛的应用。元代倪瓒的《桂花》诗中有"桂花留晚色，帘影淡秋光"的诗句，表明了窗前植桂的情况。桂花的民间栽培始于宋代，昌盛于明初。我国历史上的五大桂花产区均在此间形成。

我国桂花于1771年经广州到印度再传入英国，此后在英国迅速发展。现今欧美许多国家以及东南亚各国均有栽培，以地中海沿岸国家生长为最好。

据统计，国内有20多个城市将桂花定为市花，可见国人对于桂花之厚爱。这是华夏大地上的一座座香城，花开时节，香城如幻。

扛鼎之楠

——楠树

北京雍和宫有一尊主佛，高达 18 米，是用一整根楠木雕成的。

北京或许是消费（那时候应该是叫调拨）楠木最多的地方。楠木不算硬木，但其品质据说是所有软木中最好的，太硬了反而不行，或易折或变形，就是那稍微有点柔韧有点弹性的肩膀，才能扛起最重的分量。

山西人管楠木叫南木，南方一直是北方人想象中的植物乐园，所谓"南国有嘉木"，诉说的就是一种对于南方的丰腴的想象，也是一种社会意识和大众情结。在那个运输工具并不发达的年代，这么大的楠木是怎么从遥远的南方运到帝都的呢？就像人们总会问，制作金字塔和复活节岛石像的巨石，是从何处又是怎么运来的呢？别操这份闲心，劳动人民总有办法，劳动二字，不就是"劳身子，动脑子"吗？

不妨举个运送新疆玉的例子。那是清乾隆年间，几位石匠在和田密勒塔山开采过程中，意外发现一块高 2 米、重 5 吨的完整玉石。皇帝一听十分感兴趣，下令将玉山移到皇宫，由他亲自设计并监督雕刻。密勒塔山距皇帝所在的北京城，约有一万多千米。为此，人们专门制作了一辆轴长 11~12 米的特大型木车。运输时，木车前排列 100 多匹骏马，后面列有上千名役使，大家齐喊口号、前拉后推、逢山开路、遇水搭桥。这股排山倒海的气势，连愚公他老人家看了也自叹不如。虽然人手众多，但队伍的行进速度最快只能达到每天 10 千米左右。遇到三九严冬，人们

便在路面上泼洒大量的水，低温让水迅速冻结，形成了一条滑溜溜的冰道，推行起来大为省力。就这样，上万名工人、成千匹骡马，一共奔走了四年，终于带着大玉山来到了北京城。紧接着，从扬州赶来的多位雕刻高手开始围着大玉山忙活起来。前前后后用了八年的功夫，这块巨石才变成今天我们看到的"大禹治水"玉山。

至于楠木，则多半是水运。从山上砍伐下来之后转入山涧，再从山涧转入江河，再转入大运河……这过程也不比运送玉山省事多少。据说，当年在运送过程中虽然千小心万小心，但难免有滑入水中不知下落的。在如今这个金丝楠木被神圣化的时代，经常有人不畏艰险，出没于时有激流的山涧之中，希望能撞大运地找到一根。还有的人向大山深处行，发现一棵砍伐后的树桩，都欢天喜地的，因为这矮墩墩的树桩也相当值钱了。

楠木生长缓慢，成为栋梁要上百年。其木质特别耐腐，自古有"水不能浸，蚁不能穴"之说。《博物要览》载："楠木有三种，一曰香楠，又名紫楠；二曰金丝楠；三曰水楠。南方者多香楠，木微紫而清香，纹美。金丝者出川涧中，木纹有金丝。楠木之至美者，向阳处或结成人物山水之纹。"

可见，楠木不仅质地上佳，连花纹都有着无穷的画意。只是在皇宫大殿，总是要涂抹上锃亮堂皇的色彩，将天然的画意完全遮蔽了。

如今，褪尽油彩的楠木在阳光下闪耀，但我觉得，它所反射的不是王朝的威仪和帝王的神采，而是劳工在运送楠木时所流下的汗滴，这时有风吹过，夹杂在猎猎风声中的，是嗨哟嗨哟的号子声，是渴望在劳作中获得尊严的呐喊声——

借用鲁迅先生的话，那才称得上真正的脊梁吧。

金石之木

——紫檀

家具怎么才能成为硬通货？首要的条件，是必须由硬木打造。

硬木分为两种，一种是杂木，如榉木、榆木、柞木、橡木等，一种是红木，如紫檀、花梨、酸枝、鸡翅木等。

檀，梵语是布施的意思。因其木质坚硬，香气芬芳永恒，色彩绚丽多变且百毒不侵，万古不朽，又能辟邪，故又称圣檀。

紫檀别名"青龙木"，属蝶形花科，亚热带常绿乔木，主要产于印度及马来半岛、菲律宾等地，我国两广、云南一带也有少量出产。紫檀是红木中最高级的用材。木质硬重，入水即沉。色调呈紫黑色，类似犀角色，微有芳香，深沉古雅，心材呈血赭色，有光泽美丽的回纹和条纹，年轮纹路呈搅丝状，棕眼极密，无痕疤。用酒泡则紫色出，并可粘到碗上。其树脂或木材削片和锉末入药，可治疮毒。紫檀木主要用于制造高级家具及其他精美雕刻艺术品，所制成的器物经打蜡磨光不需漆油，表面就呈现出缎子般的光泽。因此，用紫檀制作的任何东西都为人们所珍爱。

紫檀属于热带植物，百年不能成材，一棵紫檀木要生长几百年以后才能够使用。而且十檀九空，空洞和表皮之间的那点地方、那点肉才可以使用。所以自古以来都有"寸檀寸金"之说。欧美人最初没有见过紫檀大料，因而认为紫檀无大料，用紫檀只能做一些小巧器物。传说在拿破仑墓前有一个五寸长的紫檀棺木模型，就使参观者大为惊讶，以为稀有。

我国古代认识和使用紫檀木始于东汉末期，晋代崔豹《古今注》有记载，时称"紫檀木，出扶南，色紫，亦谓之紫檀"。到了明代，此木为皇家所重视，开始大规模采伐。由于紫檀木数量稀少，很快将国内檀木采光，随即派官吏赴南洋采办，此后遂成定例，一直延续到明朝灭亡。所采的木料并非都为现用，很多存储备用。这种采办在一定程度上带有掠夺性质，南洋群岛所产佳木几乎砍伐殆尽，其中尤以紫檀木为最。凡可以成器物者，全部被捆载而去。查世界产紫檀之地，主要为南洋群岛，因此截至明末清初，全世界所产紫檀木的绝大部分都汇集到中国，分储于广州和北京。清代所用紫檀木料主要为明代所采，虽然清代也曾从南洋采办过新料，但大多粗不盈握，节屈不直，这是由于紫檀木生长缓慢，非数百年不能成材。明代采伐过量，清时尚未复生，来源枯竭。这也是紫檀木为世界所珍视的一个重要原因。

黄花梨是稍逊于紫檀的一种红木。紫檀胜在坚密的质地和霸气的色泽，而黄花梨胜在其如画的纹理和奇诡的花纹。

黄花梨木的纹理很清晰，如行云流水，非常美丽。最特别的是，木纹中常见的有很多木疖，这些木疖也很平整不开裂，呈现出狐狸头、老人头及老人头毛发等纹理，美丽可人，即为人们常说的"鬼脸儿"。明代及清代早期的高档家具大多是用黄花梨木所制，由于前朝过量采伐而使得黄花梨木材急剧减少及至濒临灭绝，所以清朝中期之后采用酸枝、鸡翅木等其他红木代替。

然而，自然界的硬度冠军既不是紫檀，也不是黄花梨，而是一种不太为人所知的铁刀木。这种生长在云南西双版纳的树木，甚至能直接代替钢铁，做成机器上的各种零件，用处非常大。可惜它长得实在太慢了，一棵高大的铁刀木原来这么粗，50年过后去看，还是那么粗，几乎看不出有什么明显的变化。

大象一次只生一个幼崽，但这一个是大象；铁刀木几十年只长一寸，但这一寸是金石。

纸本之木

——青檀

在项羽面前，刘邦变小了。在古树面前，他俩都变小了。

安徽省宿州市北部的萧县，有一个叫皇藏峪的景区，那里有中国最大的古树群落。

北方的山很少有雾，但因为连日下雨，所以我们看到了雾，漫山遍野，大有皖南之味。

我们游览的第一站，是素有"安徽小黄山"之美称的天门寺。其名字与皇藏峪一样气度非凡。该寺为南朝开国皇帝刘裕之子刘义隆所建，据说自建寺那天起，庙中的住持和僧人均为女性，但却不称为庵，自是一奇。

快到天门寺的时候，我们遇上了喜事——是真的喜事，村子里有户人家结婚，就在路边搭起了长棚，办起了流水席，还请来了民间艺人助兴。其中有个叫小石头的侏儒艺人，高不足 1.2 米，十分聪慧，吹拉弹唱无所不能。路这边饮酒正酣，路那边的篱笆上，过雨的牵牛花盛开，娇艳异常，把一个阴雨天也装扮得仿佛艳阳高照。

我们进得山门，便进入了树的海洋。两侧是苍劲的侧柏夹道，气氛肃穆，再往里去，夹道的角色由侧柏悄然换成了青檀，真是好一个清凉的绿世界！

青檀早已从咱们的城市中退场了，行道树的角色再轮也轮不到它。但它是一个特别具有中国精神的树种，生命力顽强，有缝就生。所谓"十檀九空"，青檀的根部也容易出现空洞，但尽管根已苍老，仍然青春勃发，枝枝叶叶青葱无比。青檀的树皮容易脱落，故有"脱皮榆"之称，但其树皮十分珍贵，是做宣纸的好材料。传说东汉时有个宣州人叫孔丹，师从蔡伦学习造纸术。返乡后，他想为恩师画像，却苦于缺乏好的造纸材料。一天偶然发现一株青檀倒伏入水，树皮散成丝缕，洁白如雪。他突生灵感，立即尝试用青檀造纸，反复试验，终得质地上乘，流芳百世的宣纸。除造纸之外，青檀的材质虽然不宜做家具，却是做惊堂木和车轮的首选。

天门寺大殿前的一株青檀已有2000多年，据导游介绍，它还在电视剧《水浒传》中亮过相，有位好汉（我忘了名字）就奋力从树上跳了下来。环绕在大殿周围，还有不少明星级的青檀，如"碑驮树""盆景树""枯木逢春树"等等，每一株都能让人品味良久。

但，这些青檀命中注定只能唱配角，因为天门寺的主角是一株被称为"树神"的古银杏。这株银杏已有2600多年历史，要四个人才能合抱。我们抬头仰视，只见树上果实累累。导游说，这是一株雌银杏，结果能结一千多斤。

古寺中往往有古银杏，此乃全国各地的寻常之景。天门寺的这株古银杏或许年岁不是最大，但不少古银杏长到后来就长颓了，姿态不够雄壮挺拔，而眼前这一株是那么直、那么高、那么粗，实在难得。更为珍奇的是，在其壮硕无比的根部旁边，又刚刚发了一枝新芽，目前已经长到一人多高。老树新芽，和老蚌生珠一样，都是天赐。

天门寺的青檀和银杏，给了我们一种惊堂木似的震撼。

匆匆作别天门寺的树，我们又来到了皇藏峪。如果说天门寺是树之湖，那么皇藏峪就是树之海了。

景区电瓶车在林间穿行，我们路过橡树林、木瓜林、香椿园，还时而可以见到黄连木、椴树等树种。我一直以为，草木的理想国应该是在南方，殊不知，北方也有深藏不露的葳蕤国度。

皇藏峪景区内也有一寺，叫瑞云寺。传说刘邦结婚后，性格依然顽劣，经常在外疯玩不回家，其妻吕雉去山林中找他，遍寻不着，忽见某处的空中有一朵祥云，其下便是刘邦的所在。而瑞云寺，即取"祥瑞之云"之意。

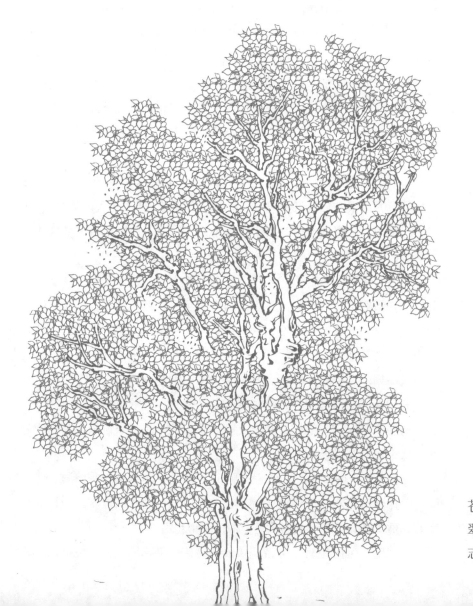

瑞云寺旁，有两棵青檀同根而发，因此被称为夫妻鸳鸯树，距今已有 2200 年。只见左边的"男树"张开双臂般的枝干，把"女树"环在怀里，姿态十分温暖。看来，这"男树"也是"暖男"。

两千多年来，它俩也和垓下的榆抱桑一样，见证着古往今来的爱情，见证着北方天空下的爱情。

赵丽蓉小品中有一个"萝卜开会"的典故，那么，瑞云寺里，是古树在开会，让人不禁要屏住呼吸，先行注目礼，再静心观赏。

天王殿后面的一个雅致的院落里，是银杏、侧柏、黄杨三木同堂，年岁均在 2000 年左右。再上数级台阶，来到上一层院落，则是另一场古树会议，银杏、侧柏、桂花、蜡梅四树相会。其中那株最年轻的蜡梅，也已有 1000 多年。

眼前的古树盛装舞会，怎能不让每位观者的思绪也舞之蹈之呢？

从瑞云寺到皇藏洞的路上，有"石破天惊树"，还有一株 3500 多年的"中国青檀王"。当年刘邦为避项羽追兵而躲进皇藏峪，这里的青檀林已经生长了百年，其中最老的一株已经有千余岁，它就像一个嘴角挂着讥讽之笑的老者，看着刘邦仓皇地躲进洞里，然后借助于所谓"从天而降"的蛛网，才迷惑了追兵的眼睛，苟全了自己的性命。

皇藏峪的主体是树，一直是树，与这些古树相比，一个有着浓郁流氓气质的皇帝又算什么？

青檀的叶子像桑树，只是质地要稍微硬一点。所以有学者认为，这片山谷原先叫黄桑峪，后来想攀上汉高祖，才牵强附会地叫作皇藏峪了。中国人"成者为王，败者为寇"的思维实在是太根深蒂固，简直和茅草一样"野火烧不尽"。

但在世界上，古树是更为通行的语言，无论是何种族、操何语言，都愿意静下心来，倾听古树的低声呢喃。皇藏峪目前虽然还只是 4A 级景区，但我以为，光这里的古树资源，就足够申报世界自然遗产了。让我们扔掉帝王牌，专心打古树牌如何？

这一打，可以再打一个 3500 年……

皂本之木

——无患子

还是在清明前，去了一趟植物园，认识了一种新的树木。

树只一棵，兀自立在那儿，光秃秃的，新叶还没有长出来。树枝上挂着不少去年秋天结的果子，个头和龙眼差不多大，在经历了一个冬天的残酷洗礼后，果子已皱缩成茶褐色，但仍然保持着"风吹不散，雨打不去"的傲然姿态。

看了看树干上的铭牌，才知道它叫——无患子。

以前当然听说过这个名字。而且我还一直以为，凡带有"子"字的草木名，如决明子、车前子、阿月浑子、无患子，都有着一种特别幽远而古雅的味道，仿佛孔子、老子、庄子、荀子等大哲，古朴、睿智、简练、深刻。

回去查了一下书，这无患子果然是大有来历的。古时候的人相信无患子的树干具有无上的法力，拿它来制成"打鬼棒"，可以驱魔、杀鬼、辟邪，所以才把这种树叫作"无患"，也叫"鬼见愁"。道士作法的木剑等器物也必用无患木制成，即与这典故有关。

继续翻书查下去，发现无患子除了有"精神安慰剂"的功用外，在实际生活中也可堪大用。无患子俗称"肥皂树""黄目树""假龙眼"，果实10—11月成熟，幼果为青绿色，成熟时逐渐转为晶莹剔透的浅黄，再变成深黄、棕色。其厚肉质状的果皮里含有皂素，只要用水搓揉便会产生泡沫,过去的人们便用来洗涤身体、器具或衣物,既清爽又不伤皮肤,唯一的缺点是白色衣物洗久了会因色素沉积而变成黄色。同为文明古国的印度,对无患子的青睐程度不逊于中国,应用最普遍的是在止痒及防治头皮屑上。

无患子还是病人、孩子和僧侣们的"恩物"。它的果皮可以去痰,果核可以止血,根可以止咳、散瘀,花可以治眼疾,因此被亲切地称为"延命果"。那圆溜溜的果实不仅模样可爱,而且硬朗结实,小孩喜欢拿无患子当玻璃珠玩耍,僧人则以其制成佛珠或念珠。

无患子的艺术气质也相当浓郁。它的树叶在冬天会变得金黄,极为闪耀夺目,是非常迷人的景观树种和行道树。如果大面积栽培,其壮观、浪漫、萧瑟的美感几乎能令枫叶失色。

就这样,随着书页的翻动,我的眼前出现了四幅画面,一幅是古代先民虔诚的祈福图,一幅是浣衣女子辛劳的忙碌图,一幅是天真孩童活泼的嬉戏图,最后一幅当然是黄叶缤纷的冬日诗意图了。

但这只是短暂的一瞬间而已,这些画面能否真的嵌入我的记忆呢?我有点惶恐起来。以前,我总是抱着"多识草木鸟兽之名"的目的,每到一地游玩,总想增长自己的植物学知识,弄不懂就问,问不到就查书本,当时好像统统记住了,但隔不多久,几乎都遗忘了。这次大概也不会有什么两样吧。我或许将忘了无患子的习性和功用,忘了一幅幅曾经生动鲜活的想象中的画面,记忆深处只留下"无患子"这三个音节,因为这名字实在特别,特别得耐人寻味,像一句佛教的偈语。

也不完全是与中年糟糕的记忆力有关,最重要的原因是这树并不是从我的生活中生长开来,而是远远地长在我的生活之外。我无法真切地体会到先民的虔敬,无法真切地体会到孩童的欢欣,更无法真切地闻到皂香和发香混合在一起的曼妙味道。我只是静静地看着它,像看着一个冰冷而优美的标本,像看着一个在生活中只会短暂地停留数秒的景点。所谓"隔膜"一词,下得最切,看似透明,实则坚韧。

据说在宝岛台湾,合成洗涤剂问世之后,无患子便几乎无人问津,甚

至遭到灭顶之灾。可耕平地上的无患子树被砍伐一空，改为农田；山坡地的无患子树也被劈作柴火，土地改种果树；只有长在悬崖峭壁上的植株，才幸运地得以苟存。年轻一代对无患子已毫无印象，以至于误认为是舶来树种。随着无患子从日常生活中的全面退出，一代人对于它的记忆，就这样悄悄地被洗涤剂等化学制品置换了。

　　纪伯伦诗云："当你咬嚼着苹果的时候，心里对他说：/'你的子核要在我身中生长，/你来世的嫩芽要在我心中萌苗，/你的芳香要成为我的气息，/我们要终年地喜乐。'"

　　只有做到诗歌中写的这般亲密无间、血肉相融，记忆才能无患。

豹变之木

——栾树

古人云"君子豹变"，是称赞有些人刚开始不起眼，可是一直默默地在修为，越修为越不得了，终于成为一只斑斓的豹子，世人皆叹服于它的美丽。

栾树就是这样的豹变之木。

栾树别名木栾、栾华，无患子科栾树属植物，落叶乔木。产于我国北部及中部大部分省区，世界各地有栽培。东北自辽宁起经中部至西南部的云南，以华中、华东较为常见，主要繁殖基地有江苏、浙江、江西、安徽、河南。日本、朝鲜也有分布。

一年的大多数时间里，栾树不显山不露水。春天别的树发芽它也发芽，夏天别的树茁壮它也茁壮，但看不出有什么特别的，树干、树叶都是"中人之姿"，甚至可以说是中下水平。

每年盛夏过后，栾树就开始"豹变"的历程。于人不知不觉之中，就在树上开出一大簇一大簇的黄花来。秋花原本就少，更何况它高高地开在上面，几乎比其他所有的秋花都开得高，真是蓝天下昂扬的火炬了。等到这花落到地上，碎金碎金的，远远地拽住了人的眼神，走近细看，乃是聚伞圆锥花序，每朵花瓣其实很细小，通体金黄，只在瓣片基部带着一点红。因了这红，就有一点伤感了，毕竟天气凉了，杜牧写的"秋尽江南草木凋"，就快到眼前了。

　　栾树一边落花，一边又派果荚登场了。果荚初是淡青色，后来嫩红色从青绿的背景上泛出，直至整个果荚转为水红色。这时候再看栾树，叶还绿着，花也还未落尽，红红的果荚与绿叶、黄花构成了美丽的三色旗，在秋风中飘扬，看上去特别打眼。别的树，要两三种才能形成色彩的互补，而栾树是自带"搭配"的，一种树就构成了一幅色彩丰富而和谐的画面。

红够了也就该落下了，果荚掉在路边、草丛里，像一个个小灯笼，照亮了昆虫们准备冬眠的路。

其实果荚里面也有妙趣，种子起初极小，跟刚生出的豌豆差不多，慢慢地种子长大，颜色也由翠绿转为深红，彻底成熟时则是黝黑。这黑色如同一篇文章最后的句点，象征着栾树的色变之路走到了终点，绚烂之后重归静默。

果荚躺在地上，秋阳把它们晒得枯黄，有的就破裂了，露出黑色的种子。往往是两颗，在卵形果荚的中央对称分布。即便不是太有想象力的人，也会觉得这卵形像一张鹅蛋脸，而两颗种子像乌溜溜的大眼睛，打量着周遭的世界……

别看它黝黑，这可是赤子之心啊！来年又将成为色之骄子，在天地之间闪亮。

朝臣之姿
——马褂木

　　我曾在大蜀山西麓看见一株马褂木，树干都中空了，但在 10 月底的时间里，仍有嫩叶发出来，嫩叶虽小，但已经能见出马褂的形状了。

　　此情此景，应该与刘禹锡"沉舟侧畔千帆过，病树前头万木春"相反，这似乎是一棵病树，却恰恰展露出春天的朝气，而它周围的其他落叶树种，已经因为时序相催，叶落满地了。

　　马褂木的确内功了得，胸中始终烧着一团年轻人的火，于是你常能看到这样的场景：树干上半部分的叶子黄了，但下半部分或根部，仍然不断地有新叶长出来，即便是立冬过后。我曾写过一首小诗歌咏之："顶叶遇霜已受创，底叶勃发仍萌新。缘根深在大地上，且替地火表决心。"

　　只有当一张马褂木叶子静静躺在地上的时候，你才会明白这树的命名是何等形象。太像清朝官员的官服了。当然，用这个名字，不是马褂木沾光马褂，而是马褂沾光马褂木。在我看来，在中国服饰史上，清朝服饰（更不用说发饰了）乃是一个倒退，就拿马褂来说，可谓自带跪姿，充满着奴才气，那模样实在不能说好看。好就好在马褂木的叶子是清新无敌，使暮气沉沉的马褂也变得青春起来。

　　其实，马褂木还有一个同样形象的名字——鹅掌楸。众所周知，鹅是仁禽，正如羊和鹿是仁兽。鹅只吃草，体态优雅，不疾不徐。这个名字恰好展现了这种树的踏实、仁厚、雅致而又青春勃发。

　　鹅掌楸树形端正，叶形奇特，秋叶呈黄色，颇为动人，是优美的庭荫树和行道树种。它与悬铃木、椴树、银杏、七叶树并称世界五大行道树种，最宜植于园林中的安静休息区的草坪上。花淡黄绿色，美而不艳，其花形酷似郁金香，故被称为"中国的郁金香树"（Chinese Tulip Tree）。而这"美人"不仅颜值高，性格还很顽强，对二氧化硫等有毒气体有抗性，可在大气污染较严重的地区栽植。

　　安徽歙县的鲍家花园植有不少鹅掌楸。2013 年我曾在大门口一棵鹅掌楸下留影，身板挺得分外直，也是沾了这树的光。

娴静之魅

——女贞

女贞通常用作行道树，好处是枝叶茂密，树形整齐，经冬不凋，劣处是长得太慢，需要很长时间才能形成比较像样的树冠，因此遮阳挡雨的效果不够显著。

女贞又名冬青，为木犀科女贞属常绿灌木或乔木，高可达 25 米。原产于中国，广泛分布于长江流域及以南地区，华北、西北地区也有栽培，能耐零下 10℃左右低温，适应性很强。它是园林绿化中应用较多的乡土树种，可于庭院孤植或丛植，或用于行道树、绿篱等。

女贞是一种很经典的树木，它的身影在《山海经》里就出现了，称为"贞木"。"女贞"这个名字的来历，《本草纲目》说得很清楚："此木凌冬青翠，有贞守之操，故以贞女状之。《琴操》载鲁有处女见女贞木而作歌者，即此也。"晋代苏彦《女贞颂序》云："女贞之木，一名冬青。负霜葱翠，振柯凌风。故清士钦其质，而贞女慕其名。"可见，在注重道德教化的古代，植物往往具有拟人、警人、育人的劝诫功能，而女贞的形象显然是相当正面的。明朝时期的浙江都司徐司马，就曾下令杭州城居民在门前遍植女贞树。

遥想古代，贞洁女子的时间概念是常人难以想象的。一日长于百年，而百年又如同一日。特别是守寡女子，日子不是用来过的，而是用来熬的。女贞叶子长得慢，仿佛也是受这种性格熏染。但最羞涩的人往往有着最悠长的青春——那是世上最长命的树叶，每一张都能活两百多个日夜，正是暗哑无光的岁月，让它一天比一天致密和碧绿。致密，本就是闪光的道德该有的质地。

央视纪录片《白蜡传奇》里讲述了白蜡虫的故事：女贞树那厚润的叶片，就是白蜡虫最美味的食物，吃了这样的独特叶子，就能分泌出上等的虫白蜡来。看来，在大自然那一条条隐秘的生产线里，优质与优质是环环相扣的。

而女贞还是全副身心地谦卑，长叶时如此，开花时也是如此，总要几百个小米粒聚在一起，才敢开出低调的花朵。林语堂说：女贞花是夏初的桂花。大概是说二者的颜色和形状比较相似，但我以为，二者的性格却反差很大。与热闹的桂香、张扬的栀子香相比，女贞花是内敛的，总带着一股酸涩的气息。

女贞的果实九月成熟，黑似牛李子。成熟果实晒干为中药女贞子，性凉，味甘苦，可明目、乌发、补肝肾。我小时候，常和小伙伴一起，剥开女贞果的果皮，挖出里面小小的扁扁的果仁，放在手上打量，像一把极微细的勺子。

英国诗人托·斯·艾略特诗云："我已经熟悉了她们，熟悉了她们所有的人，/ 熟悉了那些黄昏，和上下午的情景，/ 我用咖啡匙量取了我的生命。"小时候，总以为时光是那么漫长，就如同一个海，女贞果仁这样的小勺子何时才能量完？其实，后来，后来的后来，时间过得飞快。没有用不完的时间，没有量不完的海。

冬日之烛

——白蜡木

与林徽因"太太的客厅"相比，另一位民国名媛凌叔华称得上是"太太的胡同"。作为清朝直隶布政使的千金，她是标准的官二代，因为热衷于交际，她在北京史家胡同的居所，就成了近现代文坛交际史上另一个重要的据点。

我们在一个天蓝得让人心疼的冬日，来到凌叔华故居探访。刚进大门，就看见一株法国梧桐，树形雄伟，落叶满地，想来已有百年树龄了。我们顺着高高的树干往上看，眼神再次与蓝蓝的天空相撞击。天之蓝，叶之黄，多少风流倜傥的往事，曾在这二者的注视下发生？这株法梧，既是树种之间国际交流的典范，也折射出凌氏家族中西合璧的文化取向。

整个故居保存完好，那间大会客厅现在改造成陈列室，墙壁上挂满了老照片，显示了凌氏家族当年的显赫。才女就是才女，我们在室内还看到凌叔华创作的两幅绘画小品，风格属于清秀一路，与屋外的白蜡树队列大异其趣。

史家胡同的几条街上种满了白蜡树，树皮凛冽，树干挺拔，枝条犀利，是鲁迅所赞许的木刻风格，它们久久地把自己的身影印刻在历史的缝隙里，印刻在来来往往访客的瞳孔里。

白蜡树，木犀科梣属落叶乔木，在我国的栽培历史十分悠久，分布甚广。也见于海拔 800~1600 米山地杂木林中。它的植株高大，枝条分布也很多，冠幅广阔，叶片浓密，是一种很好的行道树，有着比较理想的遮阴效果。

由于根系发达，植株萌发力强，速生耐湿又耐瘠薄干旱，在轻度盐碱地照样生长，白蜡树也是防风固沙和护堤护路的优良树种。此外，它抗烟尘、二氧化硫和氯气，在工厂、矿区绿化中同样大显身手。

白蜡树木材坚韧，供编制各种用具，也可用来制作家具、农具、车辆、胶合板等；枝条可编筐。现代版的中式家具，多有用白蜡木制成的。简约而不简单，色泽素白，越发能衬托出家具的线条美，同时白蜡木成本又比红木低得多，性价比很高。

到了秋天，白蜡树叶片会变成耀眼的金黄色，十分具有观赏价值。但这还不是它审美价值的顶峰，我以为，要到冬天洗尽铅华，才会彻底好看起来。

冬天的白蜡树光秃秃的，只在枝头残留了一点枯果和败叶，但这恰恰给太阳光留出了造型的机会。前面说过，我们逛史家胡同时，天特别特别蓝，是一整块一整块的透明琥珀。冬阳无碍地穿过琥珀，直射在树上，把每一根枝条都点亮。整个树成了一座巨大的枝形烛台，数不清有多少根蜡烛，就像数不清夜空中有多少星星一样。

陪同的廖总告诉我们，以前史家胡同的白蜡树还要好看，那时路的两边对称种植，浓密的树冠在空中合围，紧紧拥抱在一起，形成一片完整的树荫，将下面的马路罩住，几乎密不透风。后来因为要留出停车位，就把一侧的白蜡树全砍了，等于是双臂失去一臂，沦为"断臂维纳斯"了。而对这断臂，仍不放过，因为担心树枝被风刮掉下来，砸伤行人、砸坏车辆，又把几乎所有的主干都砍断了。

这大约就是"城市里的树"的命运。生活在城市里的树是极苦的。我曾经读过一本小书，是法国人编的大自然丛书中的一种，叫《城市里的树木》。小书的封面上就写着："城市里的树木，缺少空间，受污染，被修剪，这些都影响了它们的生长繁殖。"在"病树"一节中，又有这样的话："艰苦的成长过程使城市树木变得虚弱，对蘑菇或昆虫等寄生物的侵袭更加敏感，再加上树枝修剪带来的创伤为植物腐烂病敞开了大门。因此不难理解，城市树木寿命会短些。"仅此一句，就让我知道：作者是一个富于悲悯意识的人。但城市里的树默默地忍受着这一切，当它们的枝叶被砍去时，当它们被人类修理得有几分丑怪时，那天生的对称感就会发挥作用，只要还有气息存在，就能在极短的时间里生长得比过去更美，然后在默默等待着人类的下一个修理。正如《圣经》中的教诲：当别人打你的右脸时，把你的左脸也转过去由他打，直到那打人者倦怠为止。

只有这样，对城市里的树来说，生长才不是漫长的苦役，而是无限的欢愉；甚至伤病和死亡也不是衰落和结束，而是另一种形态的开始。

史家胡同的另一景是冬天里的柿子树。同样光秃秃的，叶去而独留红果在枝，像一枚枚小红灯笼，与烛台般的白蜡树一起，构成这条街道的"亮化工程"，让冬天里的人们取暖。时而有乌鸦飞过来，围绕柿子树枝头盘旋，想从那干硬的果子上再汲取一点养分。

联想起上午去外文局，在大院里看到的几株奇树——白杜。树并不高，叶子全部凋谢，却在寒风中开出朵朵粉红"小花"，花形就像建兰，孤悬于枝条上。后来查了资料，才知道这不是花，而是白杜的果。

白杜，别名丝棉木、明开夜合、华北卫矛、桃叶卫矛，是卫矛科卫矛属小乔木植物，高达6米。5月花开，10月果熟。这果实粉红色，有突出的四棱角，开裂后露出橘红色假种皮，能在树上悬挂长达2个月之久，颇有风韵，很受人青睐。

也怪，从白蜡到白杜，北京的树都不需要叶子，就能把看客彻底征服。此时无叶胜有叶，皆因风骨使然。

——五十种中国原生树木

苍翠志

济世之杉

——红豆杉

除了纯然的化学制剂外，人类用三种东西来治疗疾病，一是植物，二是动物，三是微生物。其中，最为重要的还是植物。

中医在当时比较初级的化学水平下，几乎是把植物的性状研究透彻了。哪种叶子能贴在哪一种伤口上，哪种根茎能让血液或冷静或沸腾，哪种花能驱散哪一种邪气，哪种果能打通哪一种经脉，中医在大量艰苦卓绝的个人化实验的基础上，几乎都做到了胸有成竹。

当然，在现代人看来，这些还不太够，因为还需要化学，一种突如其来的点化，一种创造性的转化。

阿司匹林的发明就很有意思。说起阿司匹林，几乎家喻户晓。作为一种治疗感冒、发热、头痛、关节痛、风湿痛的常用药物，现阶段有关它的新用法更是层出不穷：比如可以用于预防手术的血栓形成、心肌梗死、中风等，可以说它是一种"近乎完美的药物"。但是一定不会有人把它和柳树联系在一起。

18 世纪欧洲科学的曙光刚刚开始出现，工业革命已经悄然萌芽。此时离中国的《本草纲目》的刊印出版已过去了一百多年，而欧洲的医疗条件依然落后。虽然已经开始使用从植物中提取的奎宁作为治疗疟疾的药物，但对于大多数民众来说，酒精和鸦片仍然是止痛退热的主要手段。1757 年，居住在英国牛津小镇上的牧师爱德华·斯通有一次漫步郊外，看着沿着河岸而生的柳树，突然有了想要品尝它们的想法。牧师取下一块树皮尝了一下，不像桂皮那样甜丝丝的，苦涩的味道充满了他的口腔。这种苦涩让他联想到昂贵的奎宁。于是，他收集了许多柳树皮，烘干磨成粉后给小镇周围的疟疾患者使用。疟疾患者服用了这些柳树皮粉有的竟然退了烧，疼痛感也减轻了，甚至病情好转痊愈。但这一发明并未引起足够的重视，柳树皮中的秘密眼看就要被束之高阁。直到1826年，一位名叫亨利·莱罗克斯的法国人在分离柳树树皮中看起来是有效成分的物质上，取得了部分的成功。1828年，德国慕尼黑的约翰娜·毕希纳在法国人研究的基础上成功地将之提纯，并第一次使用水杨苷来为这种浓缩药物命名。1838年，意大利化学家拉菲勒·皮里亚直接从柳树树皮中生产出了水杨酸——阿司匹林的"最初版本"第一次登上历史舞台。这时离1757年斯通牧师品尝柳树皮已经过去了81年。

当然，在现代人眼里，阿司匹林对付的是比较寻常的"小病"，如果有一种宝树，能直接与癌症PK，那该多好！

它就是红豆杉。

据考证，红豆杉是第四世纪冰川遗留下来的古老树种，也是恐龙时代的植物，在地球上已生长了250多万年，享有植物王国里的"天然活化石"之誉。野生天然红豆杉因其资源稀少，被列为世界珍稀树种加以保护，联合国也明令禁止采伐。

红豆杉材质坚硬，刀斧难入，有"千楸万杉，当不得红榧一枝丫"的俗话。边材黄白色，心材赤红，纹理致密，形象美观，不翘不裂，耐腐力强。可供建筑、高级家具、室内装修、车辆、铅笔杆等用。种子含油量较高，是驱蛔、消积食的珍稀药材。

每年到了12月份，红豆杉树上便会结出一串串红彤彤的红豆果，外红里艳，宛如南国的相思豆，既可寄托人们的相思，又扮靓了方圆几十千米的山村。而从医学的角度看，这红豆果仿佛一个个悬挂着的小壶，正好象征着红豆杉"悬壶济世"的伟大使命。

从红豆杉树皮和枝叶中提取的紫杉醇，是国际上公认的防癌抗

癌的药剂，每千克售价为500~1000万美元；紫杉醇用于治疗晚期乳腺癌、肺癌、卵巢癌，及头颈部癌、软组织癌和消化道癌。红豆杉枝叶也是至宝,具有治疗白血病、肾炎、糖尿病以及多囊性肾病、小便不利、淋病等功效。

一言以蔽之，红豆杉就是上天馈赠给人类的一味灵药；更幸运的是，这味灵药被我们发现了。这，首先要归功于大自然，其次要归功科学家的创造性点化。

植物身上还隐藏着多少奥秘啊？也许还有若干物种淹没在密林深处，也许我们平常最熟悉的草木身上也存在创造性转化的开关，只是，我们现在还没有能力开启。

孤绝之栎

——普陀鹅耳枥

你相信吗？有一种树曾经命悬一线，因为在整个地球上这种树只剩下一棵，然而，由于上天眷顾，再加上醒悟过来的人们付出不少努力，它终于在悬崖边缘站稳了脚跟。

这种传奇性的树种，便是普陀鹅耳枥。

普陀鹅耳枥，落叶乔木，雌雄同株，雄花序短于雌花序。雄、雌花于 4 月上旬开放，果实于 9 月底 10 月初成熟。具有耐阴、耐旱、抗风等特性。

普陀鹅耳枥为中国特有种，只产于舟山群岛普陀岛。由于植被遭破坏，生态环境恶化，最后仅有一株存活于该岛佛顶山慧济寺西侧。又因开花结实期间常受大风侵袭，致使结实率很低，种子即将成熟时，复受台风影响而多被吹落，更新能力极弱，树下及周围不见幼苗，已处于濒临灭绝境地。

1930 年著名植物分类学家钟观光教授发现了这棵硕果仅存的普陀鹅耳枥，1932 年由林学家郑万钧教授命名。树高 13.5 米，树龄约 250 年，1999 年被列入《国家重点保护野生植物名录》(第一批)，保护级别Ⅰ级，《世界自然保护联盟濒危物种红色名录》级别为极危 (CR)。

好在它是树，好在它有种子，好在它是雌雄同株。普陀庙中这唯一的植株加倍保护自不待言，为了防止游人攀折，早已在植株四周加坝

围护。保护的另一举措就是本树的结种研究及大量繁殖。如今经过园艺学家们的不懈工作，通过有性和无性繁殖的方式，不断扩大子代种群规模，已育的普陀鹅耳枥子代苗木达到了 3 万余株。

相较之下，如果某一种动物的种群只剩下十来只左右，纵然有雄有雌，动物学家也会心酸地宣布：这一动物种群在理论上来说已经灭绝了。白鳍豚就是这样，下一个，会轮到江豚吗？

这是植物比动物占优势的地方，也是植物比动物更能经得起人类折腾的地方。

这是一个奇迹，也是大自然给了犯错的人类又一次机会。

鹅耳枥属是被子植物门桦木科下的一个属，该属均为落叶乔木或小乔木，少数物种为灌木植物。在第三纪的地层中，发现大量的鹅耳枥属的叶、果苞、花粉及小坚果的化石，为第三纪化石植物区系组成中的重要类群之一。该属共约 40 种，中国有 25 种 15 变种，分布于东北、华北、西北、西南、华东、华中及华南等省份，基本上各省份都有该属植物分布。其中有两种珍稀濒危植物，一种就是劫后重生的普陀鹅耳枥，另一种是天台鹅耳枥。

天台鹅耳枥和普陀鹅耳枥形态非常相似，同样也是在 1932 年由林学家郑万钧命名。天台鹅耳枥分布于浙江省天台县华顶山，当时发现野生母树 21 株，后来在浙江省磐安县又发现 4 株，目前野生天台鹅耳枥不超过 30 株。天台鹅耳枥 2001 年被列入《国家重点保护野生植物名录》，保护级别国家 II 级。

从全球范围看，鹅耳枥主要分布在北半球的温带地区，东亚分布最多，尤其是中国，欧洲仅有 2 种，北美东部仅有 1 种，美洲中部也仅有 1 种。其中最知名的四种鹅耳枥，分别是欧洲鹅耳枥、美洲鹅耳枥、日本鹅耳枥和普陀鹅耳枥。

欧洲鹅耳枥颜值甚高，拥有紧凑饱满的树冠、秀丽葱茏的叶片、坚韧刚毅的树干、雄伟高大的树形、缤纷惊艳的秋色、气势磅礴的树势，这些无不让人印象深刻。宜庭院观赏种植，作为行道树也是不错的选择，是欧美国家非常著名的城市行道树品种，应用广泛。

欧洲鹅耳枥的木材适用于钢琴、小提琴的琴马、细木工制品、地板、球棍、滑轮、木齿轮等，染成黑色可代替黑檀。魔幻小说《哈利·波特》中的魔法手杖，就是用鹅耳枥做的，挥舞起来很是拉风。

正因为欧洲鹅耳枥木材的硬度和树干的外观，又被称作"铁木"或"肌肉木"。其茂密的树叶成就了欧洲鹅耳枥耐修剪的特性。因其可塑性极强，可根据需求自定义分枝点和树形，从而完成符合西方园林美学的种种造型。

中国鹅耳枥也便于造型，常用作盆景，走的是小巧、空灵、写意的东方园林美学路线，与高大、规整、写实的西方园林美学，形成了鲜明的对比。

决绝之矢
——箭毒木

许多草木原都是有毒的，比如夹竹桃、小叶橡胶树、柴藤。

据说水仙花、八仙花也有毒，夜来香固然香，但闻多了也不好。

从经济学角度来说，每一种植物都是进行成本核算的经济体。一种植物的花越艳丽越芳香，就越可能有毒，因为前面的花和香是作为投资，是一整套动作中的起始招儿，后面的毒是自然而然的后续手段，是收回投资、获取利润的狠招儿。

从"国际关系"的角度来说，植物的毒只是针对人（勉强也可以扩展到其他动物）而言的。植物是合作的，甚至是无私的，但还没有到完全利他主义的程度。毒，不过是它应该具备的自我保护机制，是防御性导弹系统。

不是吗？植物不是乖宝宝，谁也没有权力要求它做一个乖宝宝，高兴了就捧在手里，不高兴了就付诸刀俎。

箭毒木是世界上最毒的树，即"见血封喉"，生长在我国云南西双版纳和海南海康等地，斯里兰卡、印度、缅甸、印度尼西亚、马来西亚等国也有分布。其树汁洁白，却奇毒无比，见血就要命。唯有红背竹竿草才可以解此毒。而红背竹竿草就生长在见血封喉树根部的四周，样子与普通小草无异，只有少数当地老人才认得这种草。

过去，箭毒木的汁液常常被用于战争或狩猎。人们把这种毒汁掺上

其他配料，用文火熬成浓稠的毒液，涂在箭头上，野兽一旦被射中，入肉出血，跳跳脚就立即倒地而死，但兽肉仍可食用，没有毒性。

相传，美洲的古印第安人在遇到敌人入侵时，女人和儿童在后方将箭毒木的汁液涂于箭头，运到前方，供男人在战场上杀敌。印第安人因此而屡战屡胜，杀得入侵敌人魂飞魄散，顽强地保住了自己世代居住的家园。据史料记载，1859年，东印度群岛的土著民族在和英军交战时，把箭头涂有箭毒木汁液的箭射向来犯者，起初英国士兵不知道这箭的厉害，中箭者仍勇往前冲，但不久就倒地身亡，这种毒箭的杀伤力使英军惊骇万分。

据说，在云南省西双版纳最早发现箭毒木汁液含有剧毒的是一位傣族猎人。有一次，这位猎人在狩猎时被一只硕大的狗熊紧逼而被迫爬上一棵大树，可狗熊仍不放过他，紧追不舍，在走投无路、生死存亡的紧要关头，这位猎人急中生智，折断一根树枝刺向正往树上爬的狗熊，结果奇迹突然发生了，狗熊立即落地而死。从那以后，西双版纳的猎人就学会了把箭毒木的汁液涂于箭头用于狩猎。

尽管说起来是那样的可怕，实际上箭毒木也有很可爱的一面：树皮特别厚，富含细长柔韧的纤维，西双版纳的少数民族常巧妙地利用它制作褥垫、衣服或筒裙。取长度适宜的一段树干，用小木棒翻来覆去地均匀敲打，当树皮与木质层分离时，就像蛇蜕皮一样取下整段树皮，或用刀将其剖开，以整块剥取，然后放入水中浸泡一个月左右，再放到清水中边敲打边冲洗，经这样除去毒液，脱去胶质，再晒干就会得到一块洁白、厚实、柔软的纤维层。用它制作的床上褥垫，既舒适又耐用，睡上几十年也还具有很好的弹性；用它制作的衣服或筒裙，既轻柔又保暖，深受当地居民喜爱。

有一种不可侵犯的凛然，但又有一种随时准备牺牲的壮美，这就是箭毒木原本给自己的定位。然而，因为箭毒木是如此特异又如此有用，所以就难免成为人类"欲望之箭"的重要靶子。人类一拨拨地来了，大肆砍伐之后，箭毒木数量锐减，甚至于岌岌可危了。

看来，物算不如人算，但人算，终究不如天算吧。

梦笔之华
——玉兰

先花后叶，是植物界一种比较常见的现象。但严格说起来，真正先花后叶的树木似乎只有玉兰、泡桐、木棉、蜡梅、紫荆等为数不多的几种；至于樱花、桃花、杏花、梨花、红叶李之类，只能算是且花且叶吧。

这里就说说玉兰和泡桐。有意思的是，玉兰和泡桐都是双胞胎。玉兰还有个孪生姐妹叫紫玉兰，古称辛夷；泡桐也分白花泡桐和紫花泡桐两种。稍加比较就会发现，紫玉兰花的紫偏红，而紫花泡桐的紫偏蓝。

更有意思的是，玉兰和泡桐这两种先花后叶的树，恰好代表了高贵和低贱的两极。玉兰自然是气度不凡，最合用"亭亭玉立"来形容，常与高贵的皇家庭园或文人的雅宅联系在一起。而泡桐的出身可就低微了，枝叶毛糙，材质疏松，生长起来又傻乎乎的快，因此往往与寒酸的平房生活联系在一起。记得小时候，也就是 20 世纪 70 年代末 80 年代初，大家住的都是简陋的平房，房屋前后种满了泡桐。

先花后叶的树木，春天开花时总是势不可当，好像那种开放的欲望已经压抑了很久。用日本作家渡边淳一形容樱花的话来说，都是"像着火似的拼命开"。玉兰开起花来，真正的满树辉煌，一种叫玉兰灯的大型路灯应该就是仿生学的产物。相形之下，泡桐也毫不示弱。有一年初春，几个朋友在一家单位食堂吃饭，等菜的时候我向窗外望去，楼下有一块已经彻底硬化的水泥空地，只见从一条水泥石缝里长出一棵倔强的

泡桐树，已经长得十分高大，其时春气相催，泡桐花完全开放，像是点亮了千万盏春灯，将黄昏时分的天空彻底照亮。凝视着这万花灯光，你会觉得每盏灯里面，都会走出一位仪态万方的春神来。

一场雨后，无论玉兰还是泡桐，都凋谢得很快。玉兰自古就有"弄花一年，看花十日"之说，花之"盛事"转眼就变成人之"恨事"。就好像我们自己的童年时光，总以为童年很漫长，其实回过头看，只是短短的一霎。

先花后叶和且花且叶的树木，除了玉兰的叶子比较周正洁净外，其他叶子长得都不算好看，泡桐和红叶李还有些丑呢。可能是开花用尽了它们所有的力气，所以越往后长就越有点懒散了。但它们安于这种低调的生活，因为它们知道自己曾经辉煌过。

再详细说说玉兰。玉兰又叫木兰、木笔，在古代它还与文人紧密联系在一起，因为，玉兰挺直的花蕾很像一支毛笔，故有"梦笔生花"之说，象征着古时文人对创作灵感的一种追寻。唐代诗人欧阳炯有一首妙诗《辛夷》曰：

含锋新吐嫩红芽，势欲书空映早霞。

应是玉皇曾掷笔，落来地上长成花。

不知怎么的，看到玉兰开花和零落的样子，我就想到了南朝时的文人江淹，曾经如此灿烂的才华，说褪尽就褪尽了，所谓"江郎才尽"，最苦闷的莫过于事主本人吧。

或许灵感本身就是非理性的东西，来有影去无踪；或许文人就是一株玉兰，上天只肯照拂你一阵子，只让你花开一下子。

珍惜和享受这一下子吧！

迟来之爱

——楝树

之所以将花作为真善美的象征，是因为它既美又有用，还特别诚信。一树又一树的花开，是大自然准时寄出的一封又一封信。而忠实的信使呢，就是如约而至的风儿了。因此古人有"二十四番花信风"的说法。

二十四番花信风本身就是一首格律诗，有着均衡、对称、规范之美。每一个节气里聚集着三种花，次第绽放，井然有序：

小寒：一候梅花、二候山茶、三候水仙；

大寒：一候瑞香、二候兰花、三候山矾；

立春：一候迎春、二候樱桃、三候望春；

雨水：一候菜花、二候杏花、三候李花；

惊蛰：一候桃花、二候棣棠、三候蔷薇；

春分：一候海棠、二候梨花、三候木兰；

清明：一候桐花、二候麦花、三候柳花；

谷雨：一候牡丹、二候荼蘼、三候楝花。

从小寒开始到谷雨结束的花信风中，梅花最先，楝花最后。古人诗文中说春去"开到荼蘼花事了"一句，其实花事没了，后面还有楝花风，才是二十四番花信风之句点，荼蘼排在倒数第二。经过二十四番花信风之后，以立夏为起点的夏季便降临了。

苦楝又称苦苓、金铃子，江苏叫作紫花树，广东则叫作森树。为楝

科落叶乔木植物，高 10~20 米。树皮暗褐色，纵裂，小枝粗壮，有多数细小皮孔。叶为 2—3 回奇数羽状复叶，长 20~40 厘米。花期 4—5 月，果期 10—12 月。

人间四月天，马路边和公园里，还有房前屋后，一团团、一簇簇的细碎小花构成圆锥花序，与叶等长，镶嵌在青绿之间，白中透着淡淡的紫色，馨香弥漫。这便是由苦楝花主宰的风景。在我印象中，苦楝也算是亲水树种，田边河岸常有种植。曾在从合肥去颍上的公路旁，看到一排排苦楝，树干挺直，把自己的影子投到河水里。也曾在合肥植物园的池塘边看到一株，正是花开季节，暗香浮动，那香气似乎也有影子，覆盖了树下的一大块草坪，连池塘里的水也有幸分得几许香韵。

苦楝果也有一定的观赏性。果实呈核果状，种子为长椭圆形，像小铃，这便是"金铃子"别名的由来。果熟时黄色，宿存树枝，经冬不落，似乎要执着地敲响新年的铃声。

楝花香，楝果苦。不仅如此，楝树的皮、叶、根也是苦的，所谓良药苦口，这些均可入药。苦楝皮用于清热、杀虫，常用于治疗蛔虫、蛲虫、风疹、疥癣；楝叶用于止痛、杀虫，常用于治疗蛔虫、疝气、跌打肿痛、皮肤湿疹；楝花用于杀虫虱。

苦楝谐声"苦恋"，其实这花绝非黛玉型的小儿女态，而是爽朗的村姑，充满了开放的热情。宋人谢逸的《千秋岁》说"楝花飘砌，蔌蔌清香细"，说得非常精准。春末雨水多，一场雨就花落一地，一阵风又是一地，但苦楝花似乎没有穷尽，落花归落花，流水归流水，照样满树都是。

待到苦楝花歇时，火热的夏天就来临了。苦楝如一位使者，架起了春夏两季的桥梁。

暮合之木
——合欢

当古人学会了结绳记事，他们就明白每一次历史事件都是一个纠结，当结到开元盛世的时候，历史打出了一个大大的结，这结上还兀自长出一株马缨花——正式的名字应该叫作合欢。

那是明皇在华清池为贵妃所栽。他不在乎这花和叶是那么纠结，花指向妩媚，叶却通往羞涩，但似乎正好形容了佳人的青年和少年。朱鹮从枝头上衔走朝阳，把自己的羽冠留给了花蕾；月光命令所有叶子全部闭合，那是在为两个人的合舞无声地鼓掌……

奈何好景不长，从马缨花走到马嵬坡，贵妃从妩媚走向无助——面对江山和美人的纠结，在铁骑和斧钺声中，明皇终于做出了艰难的抉择……

每一次历史事件都是一个纠结：得意者的张扬，失意者的羞愧，统统长到了一棵树上，仿佛是一首讽喻诗最好的写照。

人类一纠结，上帝就发笑。当那绯红的冠冕在笑声中裂成羽片，与尘土共舞，每个人都不过是历史深处的一棵含羞草……

合欢就是这么纠结的树种，就连命名都是这样，合欢——多么雅致，马缨花——土味十足！但几重纠结在一起，却构成了无穷的张力，形成了这树无穷的魅力。

合欢，豆科合欢属落叶乔木，喜温暖湿润和阳光充足环境。产于我国东北至华南及西南各省区；生于山坡或栽培。非洲、中亚至东亚均有分布；北美亦有栽培。

合欢树的树形优美，叶形独特，树冠宽大，夏季浓荫蔽日，羽状的复叶昼开夜合，十分神奇，夏日开花，粉红色茸毛状，不仅外形好看，还能吐露阵阵芬芳，形成轻柔的气氛。非常适合作为庭院树、绿化树种植。

合欢不但好看，功用也多。其心材黄灰褐色，边材黄白色，耐久，多用于制家具；嫩叶可食，老叶可以洗衣服；树皮供药用，有驱虫之效。它还有宁神作用，滋阴补阳，主要是治郁结胸闷、失眠健忘、眼疾、神经衰弱等病症。

在所有生物中，植物大约有着最灵敏的生物钟，这是造物主给这种不会说话的生灵的一种恩惠。像合欢花这样朝开暮合的，还有睡莲。睡莲乃是一种有神性的植物，统治着大大小小的池塘，从印度河流域的池塘一直到长江流域的池塘。白天用自己的花朵照亮池水，晚间与水中的微细生命们一起休憩，它仿佛是神灵之眼，代替神灵照管着池塘。所以佛祖说："只要多了一个人信教，池塘就会多一朵睡莲开放。"

看到合欢，我还想起在以色列所见的凤凰木。凤凰木被誉为世界上最色彩鲜艳的树木之一，外形有点像合欢树，肆意地伸展着含羞草般的叶子，绿得那个青春无邪，热烈地开着黄花、红花或蓝花。凤凰木原产非洲马达加斯加，但在我国大量引种。它是马达加斯加共和国的国树，也是厦门市、台湾台南市、四川攀枝花市的市树，广东省汕头市的市花，民国时期广东湛江市的市花，汕头大学、厦门大学的校花。

以色列人偏爱凤凰木，或许是因为在西方神话中，凤凰是一种浴火重生的鸟，而这正是以色列人千年命运的写照。以耶路撒冷为例，这座历史名城曾经八次毁于战火，但每次都能浴火重生，至今仍傲然挺立在这块土地上。

遍植凤凰木的以色列魏茨曼学院，不仅是科研圣殿，也是植物王国。或许是学院里的大树，起到了隔音乃至吸音的作用，让师生们能够慢学静思。每一所只要有些年头的大学，都会是大树的福地，是草木的

安邸。魏茨曼学院同样也是草木葱茏，繁花似锦。但比起其他大学来，这里的树种体现了无与伦比的丰富性，树的品种来自五湖四海，简直有一点"乱来"的意思了。

比如，在一般人的印象中，柏树是北方树种，棕榈是南方树种。可是，在魏茨曼学院里，常常是这厢边种着苍翠的侧柏或鹿角柏，那厢边种着碧绿的棕榈或椰子树。柏树与棕榈树的对话，真的是有几分"南北合作"的意思。

同样在一般人的印象中，以色列是个极度缺水的国家，但由于拥有先进的滴灌技术，以色列人的绿化脚步走得那么稳健，又那么跳跃。魏茨曼学院中就种植着大量的榕树，让人恍惚中以为走进了热带雨林。尽管这里的榕树的气生根没有在雨林里那么发达，但也蔚为壮观，吸引着蝴蝶和小鸟在林间栖息。

一道道篱笆上怒放的叶子花，进一步烘托出热带风情。许多时候，我以为自己来到了厦门鼓浪屿的某个巷口，或越南河内的某个居民区。草木是静止不动的，但总能让人的思绪飞行。

我还看到了徽州寻常可见的乌桕树，以及舒伯特歌中的椴树。椴树和乌桕树，虽然一个是欧风，另一个是东方情调，但它们的树叶都是心形的，堪称"大心"与"小心"的对话了。

还有我们称为国槐的槐树，以及不乏东方神秘色彩的枫杨树——小时候去这两种树上面去抓"吊死鬼"（其实是从树上垂下来的尺蠖等虫子），是留在许多东方孩子脑海里的不灭的记忆。国槐和枫杨构成了一个小小的林子，林子的旁边，是一大块草坪，草坪的那一端，就是魏茨曼学院的标志性建筑。在我看来，其外形仿的是现代派建筑的典范——位于波茨坦的爱因斯坦天文馆，像一个巨大的白色靴子，踏踏实实地行走在科研之路上。

行走在魏茨曼学院里，虽然是七月的盛夏季节，但在浓密树荫的佑护之下，每个人都获得了一种恬然的宁静。不同国籍的学生、不同肤色的学者来回穿梭，他们只要稍一停下脚步，就能看到让自己感到亲切的树种。中国古人把桑和梓这两棵树合起来，作为故乡的代称，这真是说出了全世界人的乡愁，说出了全世界人的心声。看到了故乡的树，就等于看到了故乡，让乡愁于枝枝叶叶之间消融。在魏茨曼学院这个世界上智慧大脑高度集中的地方，那些辛勤驱使着自己脑力的人，在停歇的瞬间，抬眼望见家乡的树种，就想起了各自的桑梓。

此刻我才明白，从抚慰乡愁的角度说，这样子种树，决不是"乱来"，而是"为了同一个目的走到一起来了"。

倚靠着故乡的大树，人甘愿做一株谦卑的含羞草……

北方之艳
——花楸树

很多时候我们走得太快。

比如在喀纳斯的时候，大马力的观光巴士在盘山公路上一闪而过，就不由分说地把窗外所有的景色都变成了印象派。其实，应该下得车来，骑着马缓行或干脆徒步，这样你才能等着自己的灵魂赶上来，与之合为一体。

这个时候还不能着急，因为等着了自己的灵魂还不算是圆满，请再慢点再慢点，你才能等得着别人的灵魂，或许是一位哈萨克少年，或许是一位图瓦族姑娘，或许是一位蒙古族老者……正如卡尔维诺在《看不见的城市》中所言，这灵魂，或许正是你的前世。

是的，你本来就该站在那里，因为那就是你千百年之前站着的位置。可如今，你总吸取不了因走得太快而错失的教训，让滚滚车轮，让漫漫尘土淹没了你现在本该站立的位置，以及你千百年之前所曾经伫立的位置。

除了错失了两个时空的自己，你还错失了窗外的树木，尤其错失了花楸树。

所幸，当巴士在拐弯处稍微停顿的时候，我瞅见了一种树上的铭牌——花楸。

这是我不熟悉的树种，我只依稀记得，它夹杂在白桦、云杉、冷杉

之中，分外秀气，分外好看。打个比方，就像一头蹲伏在高树丛中的小鹿，见着了奔驰的工业化怪兽，本能地想躲到密林深处。

后来，读到俄罗斯女诗人茨维塔耶娃的诗作，她那样执着地写着花楸树、花楸果，那简直就是她的图腾。旅居国外的时候，出现在思乡梦中的花楸树，勾连起她对于整个祖国的念想。回到祖国后又遭遇困厄，但一看见花楸树，那些沉重的歧视和击打一下子就变得轻如鸿毛：

在哪儿都是孤苦伶仃，／提着粗糙的篮子回家，／在什么样的石头路上踽踽独行，／而且那家已无法说明是我的，／它成了军医院或者兵营。／……／就连祖国的语言，还有它那／乳白色的召唤都没能使我陶醉，／究竟因操何种语言而不为路人／理解——对我全然无所谓！／一切家园我都感到陌生，一切神殿对我都无足轻重，／一切我都无所谓，一切我都不在乎。／然而在路上如果出现树丛，／特别是那——花楸果树……

回过头假设，如果茨维塔耶娃当年好好地待在法国——这就如同假设，如果小说《生命中不能承受之轻》中的捷克医生托马斯也和情人一样越过国境线，如果电影《东方西方》中的旅法俄籍医生阿历克斯不携妻小回到苏联——然而，她没有，小说和电影中的那两个他也都没有，他们仨都选择了我们所看到的那一条路，于是人生迎来了翻天覆地的逆转。最后的凄惨结局让人不由扼腕叹息，让人不由把弗罗斯特的《林中小径》吟诵再三。

大约对百分之八十以上的人来说，《林中小径》的那一句"但我却选择了另一条路"都是谶语，至少是个讽刺。比如我，人生道路和职场道路似乎从来不由自己掌控；就连出去旅游，线路都那么"经典"或"豪华"得和众人一模一样，不但方向，甚至快慢也不由自己决定。

但毕竟在匆匆之中见识了花楸。我到喀纳斯的时候是8月，既不是花楸树的花季（是在5—6月），也不是它结果的季节（是在10月），但却让我收获了类似于茨维塔耶娃那样的感动。确切地说，勾起了我对于北方的想念，它就如同是浮在水面的那一块冰，所勾连的是一整块巨大的冰山，那块冰山于我而言，就是北方。

　　北方的森林是多么令人神往，尤其是听到"针叶林"这三个字，就仿佛有一根既温情又不讲理的针，刺进了我的感官和思想，让我瞬间脱离了麻木状态。那些针叶林，和那些针叶阔叶混合林，它们在人的心目中，总会激起与亚热带森林和热带森林不同的欲望。在针叶林和针叶阔叶混合林里面，你所想到的就是飞升，要乘着那股清凉的风，一直升到尖尖直直的树干顶端，去俯瞰山峰上的那一抹积雪，和万绿丛中花楸树果实的那一点红，而在热带雨林，却又想把自己的姿态弄得很低很低，只想避开炽烈的骄阳，只想在大树底下做一只悠闲的鸣虫……

　　对于我们这类南方人士，从理论上说，如果你一直向北走，你就会渐次到达北方，北方的北方，以及最北的北方。但上苍却肯定会像以往的许多事情那样，又过来折磨你，让你把握不住快慢、把持不好心态。走得快了，你丢失了自己的灵魂，它一个人偷偷溜回了南方；走得慢了，你永远到达不了最北的北方，只能看着可望不可即的冰山，暗自神伤……

　　回来查看资料，了解到花楸树的身世。花楸树又名马加木、红果臭山槐、绒花树、山槐子，落叶乔木。喜湿，喜阴，耐寒。皮灰褐色。芽及嫩枝都有白色茸毛。羽状复叶，叶缘上部有齿，叶表色暗绿，叶背粉白。花为白色。花径达 10 厘米左右，非常美观，花期 5—6 月份。果实呈圆形，红色，成熟期在 10 月。花楸树是一种病虫害少，生命力强，成活容易的速生树，它既是优质用材林，又是种植天麻的好菌料，还是市场畅销的中草药。果可制酱酿酒及入药。

　　据日本植物学家北川政夫、野田光藏等人的意见，中国东北地区花楸树可分为两种。其一为华北各省区常见的花楸树，叶轴及叶片下面、总花梗和花梗上白色茸毛较多，果实橘红色。产吉林省，分布到朝鲜。其二为阿穆尔花楸树，叶轴及叶片下面、总花梗和花梗上茸毛较少，果实橙黄色。产内蒙古和黑龙江大兴安岭，分布到朝鲜和西伯利亚东部。根据大量标本观察，这些特性不易划分，暂合并为一种，统称花楸树。

　　花叶美丽，入秋红果累累——当之无愧的"北方之艳"。

魅丽之柏

——乌桕

乌桕是一种极为女性化的树，每一个细节都充满了魅力。它的叶子是心形的，轻灵的，翠绿的，婆娑下来，像披散的秀发。它的花很小，许许多多聚在一起，组成一个像麦穗一样的花串，点缀在绿叶间，像别在秀发上的金色发卡。

乌桕的果实外面覆盖着一层白色蜡质，不仅好看，而且可提取"皮油"，供制蜡烛、蜡纸、肥皂等。现在科学家还从乌桕果的蜡质中提炼出一种叫作类可可脂的物质，可以用来制作巧克力，据说这种乌桕型巧克力的滋味不比用可可做出来的巧克力差。这一新发现，使乌桕更加女性化了，众所周知，巧克力是标准的女性食物。

深秋是乌桕魅力之旅的最后一站，它的叶子在凋谢前变得火红。我在城市里见到过许多秋天里的乌桕树，但总嫌它们红得还不够——只有在乡村的自然状态下，它们似乎才能放开手脚，从天地间吸取了足够的精气，彻底完成美丽变身。皖南的塔川，大约是看乌桕最好的地方。十月中下旬的时候，开车在塔川的乡间公路行走，兀地就有一株火红的乌桕扑面而来，在山野间尽情燃烧。如果把整个乡野比作一幅印象派油画，那么乌桕的红，就是画面上最提神、最勾魂的色块。

可能鸟儿也喜欢这种女性化的树吧。它们贪食下许多乌桕的种子，然后播撒得到处都是。于是时机成熟，这些种子就冒出芽来，然后渐渐长出枝叶，嫩绿绿的十分可爱。盛夏季节，我经常在小区的林子里看见许多这样的乌桕苗；走在长江西路的林荫道上，也能在高大的雪松和槐树遮蔽的花池里看到不少乌桕苗，只有尺把高，但个个精神抖擞，像淘气的小丫头。

然而，在经历一个冬天后，能活下来的乌桕苗却少得可怜，不到百分之一吧。因为大多数没有足够的时间和条件长到一定的分量，来抵御严寒。但到了下一个春天和夏天，新的乌桕苗们似乎完全不知道这个残酷的消息，仍然一棵接一棵地冒出来，让人不理解，也让人生出一些敬意。

这样无结果的生长有什么意义呢？我想去问一问它们："你们知道这是徒劳的吗？"如果它们能说话，回答应该是这样的："是魅丽的梦想让我们不由自主！"

我想说"红颜薄命"这个词，但忍了忍，还是没有说出口。因为，生长的喜悦已经足够大，大过了寂灭时的悲戚。

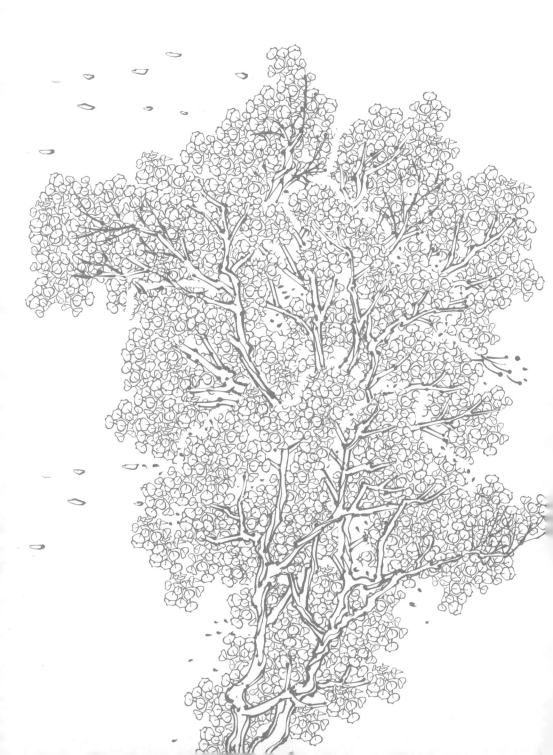

憨实之榆

——榆树

天山脚下，有着许多上了年岁的榆树，生长在碧流河的两岸，从高山上流下的雪水灌溉着它们，新疆那似乎比别处更为灿烂的阳光照拂着它们，所以一棵棵都长得枝繁叶茂，倍儿精神。

榆钱儿是儿时的一道珍馐，与槐花并列。刚采下来的榆钱最适宜生吃，鲜嫩脆甜；洗净后与大米或小米煮粥，滑润喷香；拌以玉米面或白面做成窝头，上笼蒸熟，则香甜柔软；而切碎后加虾仁、肉或鸡蛋，做成馅来包饺子、蒸包子、卷煎饼，更是清鲜爽口。

"杯盘粉粥春光冷，池馆榆钱夜雨新。"这是欧阳修吃罢榆钱粥后，留下的诗句，清新的句子和清甜的粥一样可人。岑参《戏问花门酒家翁》诗云："道旁榆荚巧似钱，摘来沽酒君肯否？"则是想用榆钱儿当真钱去买酒，应该是诗

人在故作萌态了。

榆树又名春榆、白榆等，为榆科落叶乔木。分布于我国东北、华北、西北及西南各省区，朝鲜、俄罗斯、蒙古也有分布。生于海拔1000~2500 米以下之山坡、山谷、川地、丘陵及沙岗等处。幼树树皮平滑，灰褐色或浅灰色，大树之皮暗灰色，不规则深纵裂，粗糙。花果期 3—6 月（东北较晚）。花先叶开放或花与叶同放，在生枝的叶腋成簇生状。我们所说的"榆钱儿"，通常是指刚刚由花结出的嫩果，香味甜绵厚实，自古就有食用它的习惯。清吴其睿《救荒本草》中载："榆钱树，采肥嫩榆叶，热水浸润，油盐调食，其榆钱煮靡羹食，甚佳。"可见，在古代，榆树的叶和果均能食用，甚至是饥荒时代穷苦百姓的恩物。

榆树性格憨实，在土壤深厚、肥沃、排水良好之冲积土及黄土高原生长良好。可作西北荒漠，华北及淮北平原、丘陵，东北荒山、沙地和滨海盐碱地的造林或绿化树种。

人们常说榆木疙瘩，是说其木质颇硬。在硬木世界里，质朴的榆树是二等公民，但真正的红木日渐稀少，在贵族稀缺的时代，它是最为忙活的，许多仿古家具是由榆树制作而成的，刷上"国漆"，也很像那么回事儿。

如果可能的话，我希望自己有一张罗汉床，就用天山脚下的榆树打造，卧于其上的时候，雪水的清洌和阳光的温暖都有了，再饮上一杯六安瓜片，用周作人的话说，半日的清欢，"可抵十年的尘梦"。

中式生活，自有一种慵懒的可爱，比如罗汉床，比如贵妃榻，实在是休闲家具的范例，和西方现代的瓦西里椅、红蓝椅一样经典。但后者的清教徒味太浓，坐起来能舒服到哪里去？不像罗汉床和贵妃榻，可坐可倚可躺可卧，总与俗世的欢愉贴得那么紧密，紧密到像中式家具中的卯榫结构。

要复活这种慵懒的可爱，又怎么少得了憨厚而尽职的榆木疙瘩呢？

护生之杨

——枫杨

在徽州宏村的村口，有一株高大的枫杨树，它和槐树一样，是重要的文化地标和乡思符号，那青翠的绿叶，一直装饰在外出打拼的徽商游子的梦境里。

这棵枫杨树，总有几百年的历史了。据说最古老的一株枫杨树，是在上海嘉定区的一座孔府庙中。那棵枫杨树已经藤蔓缠身，千疮百孔，活下来的枝叶还不到整株树的三分之一。树旁的一个木牌上铭记着它已经有千余年的高龄。孔府庙几经毁败又重建，它却始终傲然活在人们眼前。

枫杨为中国原产树种，栽培利用已有数百年的历史，现广泛分布于华北、华南各地。枫杨树有很多别名，都与柳有关，如大叶柳、枫柳、水沟柳、水槐柳、蜈蚣柳等。但从植物学上来说，枫杨树属胡桃科，为落叶乔木，高可达 30 米。树皮黑灰色，叶互生，花单性，黄褐色，雌雄同株异生，果实长椭圆形串状，有黏性。花期 4—5 月，果熟期 8—9 月。全身均可入药。

枫杨树的外形，既有枫树的坚强挺拔，又有杨柳的飘逸婆娑，它体现了树木家族柔中有刚、刚中有柔的特性。

枫杨天生有一种护佑他物的本性。它树冠宽广，枝叶茂密，生长快，适应性强，在江淮流域多栽为庭荫树及行道树，又因枫杨根系发达，较耐水湿，常作为水边护岸固堤及防风林树种。此外，对烟尘和二氧化硫等有毒气体有一定的抗性，适合于工厂绿化。在庄稼人嘴里，它被称为"溪口树"，因为生性喜水，庄稼人特意将它一排排栽在溪旁、田边，免得雨水冲坏了田地。

枫杨树枝条繁茂，生长迅猛，十年时间，它就能长成几百斤重的大树。虽然枫杨树的木质太脆太粗，对于造房做橱没有什么用处，但用来菌养白木耳之类的名贵补药，却是得天独厚的好基床。在木头上按间距钻起一个个空眼，塞进菌苗，再按时喷洒药水，过不了十天半月，就能长出一朵朵像白菊花一样惹人喜爱的大木耳来。

除了护佑木耳的生长，有时还会出现更加壮观的"护生"现象，正如"枫叶教育网"上的一篇文章中所写到的：枫杨树的枝杈里冒出了一棵麻叶树，就像母亲怀里抱着婴儿似的。这棵枫杨树直径约50厘米，靠近根部的树干有一截是空心的，里面生长着另一棵小树，小树树干贯穿大树的树干并另外长出了一个粗壮的分枝，远远望去就像是一个人长了两个不一样的手臂。园林专家说，长在枫杨树中的小树是麻叶树。两树不同科，不能进行嫁接。出现这种现象的原因，是麻叶树的生长能力较强，估计是小鸟吃下麻叶树果实后，将带有种子的粪便拉到枫杨树树干上的小洞或者凹下去的地方，遇到适宜环境就开始发芽生长。在其他树上也会有这种情况出现。

大人眼里的寻常尺寸，就是孩子眼里的巨幅尺寸。在孩子们看来，肆意生长的高大枫杨特别符合"巨树"的概念，一棵巨大的枫杨树就是一个神秘王国，里面充满了生命的秘密，实在是想象的温床。尤其是夏末秋初的时候，枫杨树开花了，那美丽而修长的穗状花序垂下来，像是轻摇的玉风铃，此刻便有一只神秘的手拨响孩子们心中的琴弦，把那思绪拉到远方的远方……

有趣的是，每个孩子的心中都长着一棵属于自己的枫杨树，各有各的想象中的美——

"看见枫杨树，时常令我有食欲。奇怪的食欲。其实不是树勾起食欲，是树的果实让我想入非非吧。你仔细看，枫杨树的一串串果实，是

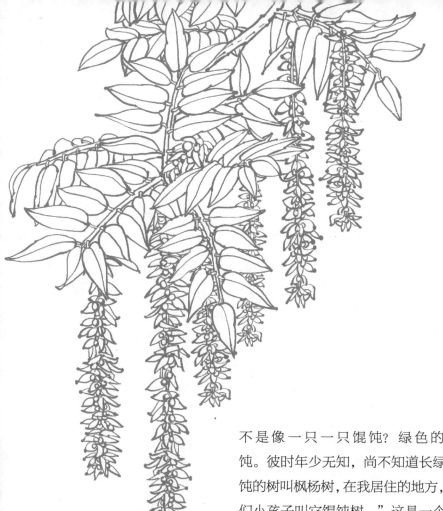

不是像一只一只馄饨？绿色的馄饨。彼时年少无知，尚不知道长绿馄饨的树叫枫杨树，在我居住的地方，我们小孩子叫它馄饨树。"这是一个叫苏檀的网友写下的生动文字。

"童年的时候，我们爬到枫杨树的树杈上，折下一根根枝条，用铅笔刀按螺旋形剥下一条树皮，卷成喇叭状，放在嘴里，'嘟——'，嘹亮的声音，吹响了整个山村。"这是另一个叫青衫尤湿的网友写的。

作家苏童则写过《飞越我的枫杨树故乡》，是将童年的梦融入那种神秘、奇幻甚至荒诞的笔法，简直把枫杨树描述得美轮美奂又神出鬼没，让人叹为观止。

缓生之杨
——黄杨

对于国学所抬举的花花木木，少不更事的时候是瞧不上的。总要到三十岁之后才喜欢牡丹，以为从花到叶到果，哪哪儿都好，最配得上"国色天香"这四个字；总要到四十岁之后才喜欢兰花，因为视力已有所不逮，视觉慢慢让位于嗅觉，如此清幽而又层次分明的兰香，解锁了中年人的嗅觉，最配得上"文人之花"的雅号；总要到五十岁之后才喜欢盆景，以前觉着别扭、觉着造作，知天命后方明白：人生要经过万千扭曲，才能形成如此好看的模样。

在我国东南沿海、西南、台湾，黄杨都有广泛的分布，其枝叶繁茂，不花不实，四季常青。在热带、温带均为较常见的常绿植物。黄杨树生长周期缓慢，长到直径10厘米左右就需要四五十年的时间，民间素有"千年黄杨难做拍（乐器中的一种拍子）"和"千年不大黄杨木"的说法。据说有一棵黄杨树，树龄700多岁了，但胸径（乔木主干离地表1.3米处的直径）只有30厘米。古时候，甚至还有黄杨木"负增长"的说法。李渔称其有君子之风，喻为"木中君子"。他的《闲情偶寄》里记有"黄杨每岁一寸，不溢分毫，至闰年反缩一寸，是天限之命也"。不溢反缩，实在是咄咄怪事！其实这种说法在其他典籍中也有提及，比如苏轼就有诗云："园中草木春无数，只有黄杨厄闰年。"《博物要览》中更是提到曾有人做过测试，称闰年黄杨并非缩减，只是不长而已。

黄杨的品种很多。我们常见的小叶黄杨，基本上是两种生活形态，一是制作成盆景，愉悦文人雅士的眼睛；一种是种植在路边墙脚，成为绿化工程中勤勉的卫队。之所以这样安排，大约还是因为黄杨生长速度缓慢的缘故。用作盆景，便于控制造型，营造出"微型大树"的场景；用作绿化，每年只要修剪一两次，那一排排黄杨树还是那么高，几乎看不出一点生长的模样。

但这样子的黄杨，其实仍在生长，带着密度地生长。个头受到了压制，但就像一个年少时就练举重的巨人，长不太高，胳膊腿却粗壮健美，别有一番生命的魅力与张力。

正因为木质致密而较柔软，不易开裂，黄杨木是雕刻的上好材料。《酉阳杂俎》对黄杨木的采伐有如下记载："世重黄杨木以其无火也。用水试之，沉则无火。凡取此木，必寻隐晦夜无一星，伐之则不裂。"这就把黄杨采伐过程神秘化了，须得在毫无星光的漆黑夜里去采伐，黄杨木才不会开裂，真不知有什么科学依据。但古人的思维，恰恰是以万物有灵为主线，将无知与有情、迷信与浪漫交织在一起，以今天的眼光来看，虽然存在着科学的短板，但不能不说充满了文学的趣味。

用黄杨木制作的小件雕刻，往往成为人们心爱的把玩之物——谁不想沾染些"木中君子"的气息呢？黄杨木的香气很轻，很淡，雅致而不俗艳，是那种最贴合"清香"一词的味道，并且可以驱蚊。另外，黄杨木还有杀菌和消炎止血的功效，在黄杨木生长地的山民，就有采黄杨叶用作止血药和放置黄杨树枝以驱蚊蝇的习惯。而且黄杨木在存放过程中会逐渐变色，颜色一年比一年深，因此年代越久远的黄杨木颜色越深，包浆越亮；反之颜色越浅，包浆越少。

我在萧县皇藏峪天王殿后面的一个雅致的院落里，见到了银杏、侧柏、黄杨三木同堂的罕见景象，年岁均在 2000 年左右。说起来，这几位都是"君子"，但风格有别：银杏大气，侧柏沉郁，黄杨青春，各有各的"人格魅力"。能一下子见到仨，真是鄙人的眼福了。

在中国牡丹之都山东菏泽，曹州牡丹园是菏泽乃至全国、全世界最大的以牡丹观赏、游玩为主题的公园。从西门进入牡丹园，首先是一座牡丹鼎，鼎的后面就是黄杨古道。这条道两边的瓜子黄杨，每一株都有上百年的历史，是曹州牡丹园里的珍奇树种。在曹州牡丹园的历次改造改建中，都作为重点名木，一次次地保留了下来。每年牡丹盛开的时候，黄杨古道边的潺潺流水，将游客引入万亩牡丹花海之中。

　　牡丹新花的雍容奔放，与黄杨老树的稳健低调，是花花木木给予我们的生命二重唱。

随遇之杨
——毛白杨

如果说每一朵花前生都是蝴蝶，那么最不像花的杨花，前生该是一只最斑斓的金凤蝶，如今洗尽铅华，几乎不着一丝色彩，却以最勇敢的飞行姿态，飞向一切可能的空隙——

不要问杨花往哪一个方向落，各有各的命理与结局：落入流水的杨花，将被东坡居士怜惜；落入田野的杨花，将化作秋叶的先驱；落入房间的杨花，将与手指的温度相吸相拒；只有落入眼帘的杨花，才以一种莽撞的方式，提醒你与它有缘，才会携手进入轮回通道，一起撑开金凤蝶的下一个春天……

杨花是多情的，所以多情的苏东坡写道："不恨此花飞尽，恨西园，落红难缀。晓来雨过，遗踪何在？一池萍碎。春色三分，二分尘土，一分流水。细看来，不是杨花，点点是离人泪。"

在波澜壮阔的中国离别美学中，杨树和柳树一样，也是伟大的配角。然而，在当前的城市驱离杨树运动中，杨树成了主角，先是在人们的口诛笔伐中，然后在人们的真刀真枪中，身心受创，落荒而逃。

城市里的杨树，纯粹是人类实用主义的牺牲品。这几十年来，城市大发展，为了"多快好省"地解决绿化问题，长得快又长得直的杨树，就被大规模地种植了。近些年来，市民们开始讲品位、讲格调了，盛产飞絮的杨树太不受待见了，于是对杨树实行"结扎手术"，或者干脆从城市里彻底驱逐——这样一种"始乱终弃"，成了眼下城市绿化中常见的场景。

有几次，我路过合肥宿州路，发现两边的杨树直接就被"斩首"，情景触目惊心。大多数杨树就这样死去了，只有极个别的几株在根部又继续发芽，完全是一副心有不甘的姿态。

我国杨属树种资源非常丰富。据初步统计，我国原产杨树共计74种、41变种、24变型。其中用于大面积栽培的杨树良种及其优良无性系，有银白杨、毛白杨、山杨、小叶杨、大叶杨，等等。

毛白杨树干通直，圆满。短枝叶三角状卵形，先端短尖，渐尖，表面深绿色，具光泽，幼叶被灰白色绒毛；叶柄侧扁。毛白杨特产于我国，栽培历史悠久，因而形态变异很大，是我国杨属中一个非常宝贵的财富。它覆盖广泛，在辽宁（南部）、河北、山东、山西、陕西、甘肃、河南、安徽、江苏、浙江等省均有分布，以黄河流域中、下游为中心分布区。

春天是毛白杨蒴果的成熟期，果实开裂后种子借助白絮在空中飘荡，寻找合适的生长地点，这是杨树繁殖后代的重要途径。随着树龄的增长，毛白杨结实量增加，白絮极易随风飘扬，因此形成了春天漫天飞杨絮的景观。

客观地说，当初选择杨树是园林部门多方权衡的结果。首先，杨树是我国北方本土树种，已有数千年的栽培和选育历史。其次，相较于其他树种，它具有耐寒耐旱、成活率高、生长快速、树形挺拔、郁闭度（反映树冠密度）高等优点，是绿化快速部队。现在要打绿化持久战和升级战，就不能像过去那样因陋就简，而是得讲究树种了。一个比较公允的说法是：此一时彼一时也。

杨树先生，那就回到阔野里吧！延续人类的实用主义思维，成为高速公路两旁的行道树，杨树先生随遇而安，依然很忠实，无怨无悔地为人类及其车辆站岗放哨。我常想，汽车之公害，难道不猛于杨树吗？难道为拥堵所苦的城市，不应该驱离那越来越多的车辆吗？

——五十种中国原生树木

苍翠志

　　鸟儿极其喜爱杨树，因为筑巢很方便，很开阔。每当我乘坐汽车或高铁的时候，总喜欢数窗外高大杨树上的鸟巢，数着数着，就快到站了。

　　有一次，我在肥西的野外看到一株大杨树，容纳了三只鸟巢，那是喜鹊的府邸。在我眼里，这府邸已经很气派了，但勤劳的喜鹊仍然不停地飞上飞下，从地上衔起树枝，专心致志地进行"加固工程"。见此情形，我写了一首题为《枯枝》的小诗：

　　　　喜鹊收集地上的枯枝
　　　　把它们送回大树
　　　　它在帮树枝回家的同时
　　　　也有了自己的家

　　　　有些树枝是另一些杨树的
　　　　更多树枝是另一些树种的
　　　　但杨树不嫌弃它们
　　　　全部接纳在自己的怀抱里
　　　　并与喜鹊商量好
　　　　让它们长成低于植物
　　　　而高于人造物的生灵

不死之杨

——胡杨

　　明清之际是中国性灵小品文的高峰时期。那时候，人们赖以写作的资源无非是四大块：一是自然，二是历史，三是典籍，四是日常。不少优秀的明清小品，妙就妙在把"日常"点亮了，使得寻常生活有了生命的况味、审美的韵味和私人的趣味。

　　这方面的代表有李渔和张潮。张潮是地道的江南才子，和李渔一样，他对草木也情有独钟，留下了不少美文金言。

　　张潮曾说："一日之计，种蕉；一岁之计，种竹；十年之计，种柳；百年之计，种松。"

　　或许他没有见识过胡杨，否则应该加上一句："千年之计，种胡杨。"

　　再仔细一想，胡杨岂是人类所能种植的？千万年来，它顶天立地，独来独往，从来都是用特殊材料做成的，是让一切人工和机巧之心感到汗颜的特殊制造，是庞大植物谱系之外的独立公民。

　　它，是一种大自然秘传的材料美学，一种成长美学，一种时间美学——独此一家，别无分号。

　　对于胡杨来说，肯定有另外一种时间衡度，非一个人的一生、一个家族的繁衍、一个帝国的历程、一个朝代的兴衰所能够衡量。人，家族，帝国乃至朝代，都不能作为尺子，去丈量胡杨。相反，胡杨却像一把尺子，丈量出了我们的短促和渺小。

在宇宙间，因为距离过于遥远，须得用上"光年"这个空间度量衡。那么，针对胡杨，我们是否能发明一个"杨年"？

内蒙古额济纳旗是世界仅存的三大胡杨林区之一，这里有一棵被称为"神树"的胡杨之王。高 27 米，要四到六个人方能合抱。它的不死传说要追溯到 300 年前，当时牧民嫌大片胡杨林影响放牧，竟然一把火烧了，大火过后，只有这棵树仍繁茂地仁立在那里，从此被奉为"神树"。牧民们年年在树上系上哈达，祈求风调雨顺。

胡杨，杨柳目杨柳科杨属，为落叶中型乔木，树干通直，高 10~15 米，直径可达 1.5 米，木质纤细柔软。树叶奇特，为了适应干旱环境，生长在幼树嫩枝上的叶片狭长如柳，大树老枝条上的叶却圆润如杨。

我是 2011 年才亲眼看到胡杨的。车子在世界上最长的沙漠公路开了快整整一天，接近库尔勒时，才终于出现了胡杨林。时值八月，胡杨的叶子还是绿色，还未变黄。所以同行的人不无遗憾，觉得秋天到此一游才刚刚好。我对此简直可以说是嗤之以鼻——这么伟大的自然界奇迹，居然能有幸让我等俗人看到，还有什么可抱怨的吗？就像你偶然间看到了超新星爆发，你除了震惊，难道还会说：这星星的颜色有些单调，为什么不加点紫、来点红呢？

你说的那是烟花，你想看到的其实只是烟花而已。而超新星绝不是烟花，胡杨也不是艳花。

胡杨再次像一把尺子，量出了我们的短视和肤浅。

我在树下拍了不少照片。这些照片会在以后不断地被翻起，并且感叹道：那时候的我还年轻，而现在的胡杨依然年轻。

灼灼之桦

——白桦

　　不少素食者说，他们之所以下定决心不再吃荤，是因为受不了那些"待宰羔羊"们直视自己的眼睛，被那一双双和人类不同的，但同样具有表达能力的眼睛逼出了良知。

　　如果伐木者还有一点良知的话，他们在砍伐白桦的时候，可能会比砍伐其他树种时经受更多的心理纠结和折磨，因为白桦树是有"眼睛"的，尤其当你深入白桦林的时候，那一双双眼睛是直视，也是逼问。

　　白桦是为数不多的树干美过花叶的树种。我在北方见过不少白桦，在新疆喀纳斯见过，在内蒙古呼伦贝尔也见过。但不好意思的是，我已经不太记得白桦叶子的形状和质地，留在脑海里的全是美丽枝干上的那灼灼的眼神，甚至在回到钢筋水泥的都市森林之后，还时而会想起那炯炯的眼睛，以至于把小区里的树木都看成了白桦——这样的日积月累，也让我攒出了一首小诗：

　　　　住在一楼的人
　　　　可以平视树的根部
　　　　住在二楼的人
　　　　可以平视树的茎干
　　　　住在三楼的人

可以平视树的枝叶
住在三楼以上的人
可以平视漂浮在树叶之上的
树的精灵

无论你从什么高度看去
树都有一双眼睛与你对视
每一块疤结，都是树的眼睛
每受到人类的一次伤害
树就多长出一双眼睛
直愣愣地看着你，
把你看得低到了尘埃里
把你看得低到了土壤里

然后你开始缓缓地发芽
开始慢慢地生长
然后你明白了树所经历的艰辛
明白了人所应该拥有的谦卑

像白桦那么明显的眼睛，杨树也有，似乎是北方树种特有的"心灵窗口"。它是如何形成的呢？或许是因为北方的生长环境更为严苛，风霜雪雨来得更为频繁、更为猛烈，才在树干上形成了一个个褐色的疤痕，仿佛一个个弹孔，但只能损伤表皮，无法洞穿其筋骨。

按绘画风格来说，白桦应该属于蒙克的表现派，表情夸张，大声呐喊。别以为它只是为自己而喊，其实也是为所有的草木呐喊，甚至是为包括人在内的所有生物呐喊。例如人类，看似强大，其实不也是被一只更大的宇宙尺度的手紧紧攥在手心吗？正因为蒙克的《呐喊》超越个体和时代的意义，它才成为全世界共同的精神集结号。2012 年初，《呐喊》成为世界上最昂贵的画，刷新了拍卖纪录，这也并不是偶然的。

只是，自然界的艺术比人类的艺术还生动，还富于变幻。在下一个时段，白桦又摇身一变，从蒙克的表现派变成了列维坦的古典派。那是秋之白桦，当秋天来临的时候，叶子变得金黄金黄，迷人至极。

灼灼之桦，把自己整个都燃烧起来了，向天空致敬，向人类示意。

友朋之萸
——茱萸

夫妻花、夫妻树之类的东西不少，而象征友谊的树可不多，茱萸就是其中很显眼的一种。典出王维的"遥知兄弟登高处，遍插茱萸少一人"。

儿时的玩伴和少时的同窗，相处时光本来就很短暂，十之八九是分别的命运，就是再周全的同学会，也难有可能全部聚齐。遍插茱萸只是一种奢望了，如今借助似乎无所不能的高科技，友朋沟通基本上改成微信齐飞了。

茱萸除了是友谊的标杆，还是一味中药。木本茱萸有吴茱萸、山茱萸和食茱萸之分，形态不同，但无一例外地都有着药用价值。《中国药学大辞典》解释说，本品南北皆可，入药以"吴地"为佳，也即吴茱萸。所谓的"吴地"，即历史上的吴国。吴茱萸的名字也是来自一个传说。

相传在春秋战国时期，弱小的吴国每年都得按时向强邻楚国进贡。有一年，吴国的使者将本国的特产"吴萸"药材献给楚王。贪婪无知的楚王爱的是珍珠玛瑙金银财宝，根本看不起这土生土长的中药材，反认为是吴国在戏弄他，于是大发雷霆，不容吴国使者有半句解释，就令人将其赶出宫去。楚王身边有位姓朱的大夫，与吴国使者交往甚密，忙将其接回家中，加以劝慰。吴国使者说，吴萸乃我国上等药材，有温中止痛、降逆止吐之功，善治胃寒腹痛、吐泻不止等症，因素闻楚王胃寒腹痛的痼

疾，故而献之，想不到楚王竟然不分青红皂白……听罢，朱大夫派人送吴国使者回国，并将他带来的吴萸精心保管起来。

次年，楚王受寒旧病复发，腹痛如刀绞，群医束手无策。朱大夫见时机已到，急忙将吴萸煎熬，献给楚王服下，片刻止痛，楚王大喜，重赏朱大夫，并询问这是什么药。朱大夫便将去年吴国使者献药之事叙述一遍。楚王听后，非常懊悔，一面派人携带礼品向吴王道歉，一面命人广植吴萸。几年后，楚国瘟疫流行，腹痛的病人遍布各地，全靠吴萸挽救成千上万百姓的性命。楚国百姓为感谢朱大夫的救命之恩，便在吴萸的萸前面加上一个"朱"字，改称吴朱萸。后世的医学家又在朱字上加个草字头，正式取名为吴茱萸，并一直沿用至今。

与茱萸"任务"相同的是艾叶。前者把守重阳节，后者把守端午节。这是古人的巧妙安排。因为，端午节和重阳节，一是春夏交替，一是秋冬交替，都是疾病容易流行的时节。端午的习俗是悬艾叶、饮雄黄酒，重阳节则是身插茱萸和饮菊花酒。这些都反映了我们祖先很早就具有预防疾病的科学思想。

安徽石台位于大山深处，是一块生态净土。这里盛产的是山茱萸，又名枣皮，是让当地人颇为自豪的一种贵重药材。关于山茱萸的模样，颂曰："叶如梅，有刺毛。二月开花如杏。四月实如酸枣，赤色。五月采实。"我数了一下，这段话只有 24 个字，短如一首小令，却把山茱萸的特征写得那么精准，古人写的是植物小品，也是植物诗词，真正将科学与美学打通，可谓出神入化。

山茱萸味酸涩，性微温，为收敛性强壮药，有补肝肾止汗的功效。500 多年前石台就有山茱萸种植历史。据测定，石台县山茱萸的有效成分比目前浙江、河南等产地所公布的数据要高出 5% 到 10%，特别是主要成分熊果酸的含量要高出 10% 以上；而且农药残留、重金属含量均远远低于其他产地，素有"全国枣皮质量第一"的美誉，是山茱萸中的极品。

有一年，在仙寓山下，石台友人马先生赠我一大瓶枣皮酒。酒早已喝光了，但那雅致的青花酒瓶还保留着，它像一枝茱萸，一面友谊的旗帜。

清洁之钩

——构树

　　构树一类的杂树，往往被人所忽略。没有人专门去种植它们，更没有人精心养护，甚至一到拆迁的时候，它们往往被视为钉子户，首先遭殃。而在创建这个"城市"那个"城市"的时候，构树因为审美价值不够高，也往往会被连根拔除。

　　构树，为落叶乔木，高 10~20 米；树皮暗灰色；小枝密生柔毛。树冠张开，卵形至广卵形；树皮平滑，浅灰色或灰褐色，不易裂，全株含乳汁。为强阳性树种，适应性特强，抗逆性也强。

　　这树有着许多别名，构桃树、构乳树、楮树、楮实子、沙纸树、谷木、谷浆树、假杨梅……但凡一种植物有许多名字的，往往说明两点：一是它生长范围很广，好养活，不同地方的人叫法各有不同；二是它对于日常生活的渗透程度很深，挺管用，人们根据它的不同功用给了它不同的名字。

　　心甘情愿做个打杂的——构树就是这样的杂树。它不挑气候，不择土壤，风把种子吹到哪里，小鸟把种子带到哪里，它就在哪里萌发，而且生长速度极快，但这也使得它显得不够矜持，似乎像个没有准生证、更没接受义务教育的野孩子。它在四五月间开花，花朵有些平淡，九十月间结果，橙黄色或鲜红色的果实很像杨梅，还带一点甜味，但有谁会去吃呢？

　　构树吃形象上的亏，更主要的是吃在它的叶子上。构树叶片是暗绿色的，正面有许多挺立的硬毛，用手摸上去很粗糙，反面也长满了灰白色的柔毛——叶片的整个感觉毛毛糙糙的，连累构树的形象都变得"粗野"起来。

　　如此丑叶却是环保中的一宝。在大城市工厂密集的地区，工厂每天向外排放大量的二氧化硫、氟化氢和氯气等有毒气体。在这样的环境下，法国梧桐、水杉、雪松等别的植物就难以消受了，它们的叶子会变黄脱落，甚至死去。唯独构树一点也不在乎，照样能茁壮成长。粗糙多毛的构树叶还能清除空气中的灰尘。那些细小的灰尘粒只要遇到毛糙的

构树叶，立即被叶片上的毛牢牢抓住，一张张构树叶这时就成了一台台绿色除尘器，作用不可低估。因此构树是大气污染严重的工矿区最好的绿化树种之一。

构树还不满足于仅仅做一名清道夫。其叶是很好的猪饲料；其树皮是制造桑皮纸的高级原料，材质洁白；其根和种子均可入药，树液可治皮肤病，经济价值很高。

所以，如果你的小区因为小鸟的"恩赐"，而长了一棵构树，不要感到添堵，而要感到惊喜。同时奉劝打着各种旗号的伐木者：在这样无私的"清洁的精神"面前，请住手！

欢悦之信

——喜树

对于植物来说，霜是一道分水岭，霜前与霜后大有不同。霜降之后，草木容颜里的水分固化了，斑斑点点的开始出现，美人也就到了迟暮的晚期。

11 月份了，喜树的叶子仍然绿绿的，未见明显的颓势，但架不住细看，其实此时的绿色已经显得暗沉，上面出现了大大小小的黄褐斑。好在喜树俏皮的果实，还依然故我地在风中跳跃着，这让喜树有资格说：霜后，归来仍是少年。

在所有的球状果实中，喜树果大概是最俏皮的。相形之下，悬铃木的球果和松树的球果都有一点闷，把自己包裹得紧紧的；喜树果却生性张扬，不仅个头更大一点，而且厚实的果皮上，布满了放射状的短粗的刺。这刺并不锐利，不像刺猬那样，是出于自我防御的需要，而是像一个个信使，刺向天空、刺向大地、刺向人间，又像一根根天线，再把刺探来的好消息广播出来。是不是因为这个原因，它才有了"喜树"这个名字呢？

应该不完全是吧。喜树之所以得名，除了跟我们历史悠久的"报喜文化"有关，想来还有更深层的原因。喜树全身是宝，其果实、根、树皮、树枝、叶均可入药。主要含有抗肿瘤作用的生物碱，具有抗癌、清热杀虫的功能。主治胃癌、结肠癌、直肠癌、膀胱癌、慢性粒细胞性白血病和

急性淋巴细胞性白血病；外用治牛皮癣。从治病救人的角度上说，喜树堪称病患的生命之喜。

喜树为中国所特有，别名旱莲、水栗、水桐树、天梓树、旱莲子、千丈树、野芭蕉、水漠子，是蓝果树科喜树属植物。落叶乔木，高达 20 余米。树皮灰色或浅灰色，纵裂成浅沟状。小枝圆柱形，平展，当年生枝紫绿色，有灰色微柔毛，多年生枝淡褐色或浅灰色，无毛，有很稀疏的圆形或卵形皮孔。喜光，不耐严寒干燥。深根性，萌芽率强。较耐水湿，在酸性、中性、微碱性土壤均能生长，在石灰岩风化土及冲积土长势良好。

1999 年 8 月，经国务院批准，喜树被列为我国第一批国家重点保护野生植物，保护级别为二级。作为一种速生丰产的优良树种，早在 20 世纪 60 年代，喜树就已受到国人青睐，成为优良的行道树和庭荫树，树干挺直，枝叶繁茂。

我设想有一片小小的喜树林，围绕着一个四四方方的庭院，是办露天婚礼的好地方，新郎白西装新娘白婚纱，女花童捧着玫瑰手花，男花童则捧着喜树果，清风徐来，树叶轻祷，该是怎样一幅喜庆的图画……

家禽之株

——鸡爪槭

　　植物的名字特别耐人寻味，或堂皇或家常，或文艺或素朴。有的则透露出一丝喜感，表明人们在最初命名的时候，往往带着浓厚的生活趣味。比如牛肝菌、羊肚菌、鸡枞菌这一系列，走的是以家畜、家禽命名的路线。与之类似的还有鸡爪槭，初听之下还不知道是什么丑丑怪怪的东西。

　　事实上，鸡爪槭很美很美，在新建的小区里面常见。三四米高的身材，小树枝又细又长。叶子很轻很薄，在四周有5~7个细细的长裂片，使整张叶子的形状和大公鸡的脚爪差不多，故有此名。鸡爪槭的叶子在春夏的时候青绿色，一到秋天就由绿变红，红得极有画意。

　　说到这里你终于明白了，它就是我们平常所说的"红枫"。仔细探究一下，你会觉得红枫这个名字太宽泛，容易和枫树、糖槭树相混淆，因此，还是鸡爪槭好，又特别又形象。

　　羽毛槭也叫羽毛枫，是鸡爪槭的变种。开花时特别好看，如同一只只小铃铛从叶丛中伸出来——那是一头绿羽毛大鸟在快乐地吟唱，带给人无限欢乐的感觉。羽毛槭叶子的形状更细巧，但似乎没有鸡爪槭那么耐寒。我曾于深秋季节，在合肥植物园看到它们俩并立在一起，鸡爪槭的叶子还红旺旺的，而羽毛槭的叶子瑟缩着，无精打采的样子，好像它心中住着的那只快乐鸟已经飞去南方过冬了。

还有鸭脚木，它更正式的名字叫鹅掌柴，但我觉得，鸭脚木这个别名更形象一些。鸭脚木高2~5米、掌状复叶互生。叶披针形，有椭圆形和长卵形两个品种。花期每年9—12月，开淡黄微绿小花，花香含糖，紫色浆果宿存花柱，十分秀雅。它的一大优点是耐阴常绿，所以特别适合庭院种植或制作成常绿观叶盆景。

鸭脚木的另一个优点是材质既轻软又致密，宜制火柴杆、蒸笼、筛斗等器具。根、皮与叶都可以供药用。

鸡，鸭，往下排就是鹅了——这不，鹅掌楸出现了，树如其名，它比鸡爪槭和鸭脚木都要高大得多，是"家禽之株"中的战斗机。

瞧，鸡鸭鹅都齐备了，如果再往下数，还有家畜，如马齿苋、狗尾草，再往下数，还有猛兽，如虎皮兰、虎耳草……通过这样的命名，将动物的灵魂寄寓在植物里面，实在是一种活泼泼的童话思维。

如果要写关于鸡爪槭的童话，似乎应该从我小时候喂养的一只只家禽说起。那时候我们住在单位的平房里，有一个小院子，很适合养些鸡。其实，整个外面就是一个大院子，家家户户养的鸡跑出家门进入大院子也特别自然而然。大家都记得自家养了那些鸡，这些鸡也记得按时回家。虽然我没有像孵鸡蛋的爱迪生那样，长大成为一位发明家，但也窥见了不少生命的秘密。

亲切，温暖，家常，却也勾连着远方。那隐居在昆仑的火凤凰，该是家禽的远亲吧。每当你迈出生命中重要一步，这小小鸡爪槭就会长出一片新叶，记录下你的雪泥鸿爪，收集这些专属于你的叶子吧，寄给远山怀抱中的仙人，让他在云雾缭绕里，静静阅读你的人生……

舟子之灯

——海桐

叶、花、果皆有可看之处，低调中时而给人惊喜者，海桐是也。

海桐，双子叶植物纲海桐科海桐花属，常绿灌木或小乔木，高达6米，嫩枝被褐色柔毛，有皮孔。叶聚生于枝顶，二年生，革质。花期3至5月，果熟期9至10月。产于我国江苏南部、浙江、福建、台湾、广东等地；朝鲜、日本也有分布。长江流域、淮河流域广泛分布，园林用的海桐产地则主要分布在江苏苏州、张家港一带。

在中国古代，海桐是一种带点神秘色彩的南方植物，单从名字看，就具有海派气息。《本草纲目》"海桐"《集解》颂曰：海桐生南海及雷州，近海州郡亦有之。叶大如手，作三花尖。皮若梓白皮，而坚韧可作绳，入水不烂。不拘时月采之。又云：岭南有刺桐，叶如梧桐。其花附干而生，侧敷如掌，形若金凤，枝干有刺，花色深红。江南有时珍曰：海桐皮有巨刺，如鼋甲之刺，或云即刺桐皮也。

因为有抗海潮及有毒气体能力，海桐是现今海岸防潮林、防风林及工矿区绿化的重要树种，并适宜用作城市隔噪声和防火林带的下木。在气候温暖的地方，海桐是理想的花坛造景树，堪称现代园林美学体系中不可缺少的配角。它长得很老实，株形圆整，四季常青，非常规矩地演出着装饰园林或花坛的戏份。经园丁稍加修剪，海桐更浑圆了，像一个大大的地球仪，球体上全是绿色的海。

待到三五月份，海桐就开花了，伞形花序或伞房状伞形花序顶生或近顶生，花白色，有芳香，后变黄色。星星点点的，浮浮沉沉的，就像绿海上的一只只航船，亮着黄白色的灯光。其实，在球体的这一面上，是根本看不到另一面的，恰如古人在无边的大海中航行，是颇为惶恐的，因为不知道别的船在哪里，不知道离岸还有多远。但我疑心，花儿们之间是相互知道的，这朵海桐花在这一面开了，也知道别的一朵朵花在不同的地方开着，那特有的香气就是她们之间的交流密码。

　　海桐果是植物界的一个行为艺术家。果实圆球形，有棱或呈三角形，直径 12 毫米左右；入秋果实开裂露出红色种子，开放之态无所保留，有点向周遭坦白心迹的意思，其实主要的用意是向鸟儿们示好。我曾写过一首诗，描绘植物的这种小小心机：

　　秋风中的海桐果
　　已经由青变黄
　　再过些时日
　　它将开口微笑
　　露出美丽的红色种子
　　不为取悦人类
　　只为吸引小鸟注意
　　每一个路过的人
　　都折服于这小小灌木的心机
　　并渴望莽撞的小鸟能够领情
　　哦，那为了繁衍而流露的心机
　　那么直白又那么纯真——
　　大自然是所有心机的总和

　　海桐花的花语是"记得我"，语气轻轻的、怯怯的，带着点向外界"乞求"的意思，体现了这种小个头植物的低调、谦虚和执着。但愿它的一番苦心，被鸟儿记得，被人儿记得。

听雨之蕉

——芭蕉

　　有的老房子，已经很破败了，里面已经无人居住，即使有，住的人也已经很老了，但往往在游客看来，却有一种非凡的神气。有的时候，是某一个古拙的物件挽救了房子，比如一张精神矍铄的明式官帽椅、一张"霸气侧漏"的清式八仙桌，甚至是一只青花瓷瓶或一块玲珑灵璧石。

　　更多的时候，挽救老房子的，是天井里的一棵柿子树，是假山上的一铺常春藤，或是花窗下的一株芭蕉。李渔说"蕉能韵人而免于俗，与竹同功"。他还说"坐其下者，男女皆入画图"。

　　可能没有哪一个国家，其地形地貌有中国这么丰富，东西南北中的温度、湿度、植被差异那么大。芭蕉作为一种坚强的树种，它之所以能惠及几乎整个中国南北，乃是一部不断北移、不断进取的历史。

　　芭蕉原产于我国南方。庭园栽培的最早文字记载，见于西汉司马相如《子虚赋》。在这篇千古名赋中，子虚与乌有先生各自炫耀楚国与齐国苑囿之盛。楚使子虚对齐王说，楚有七泽，自己见到最小一泽是云梦泽。云梦泽是春秋战国时楚王的游猎区。子虚说："云梦者方九百里"，"其东则有蕙圃"，而"蕙圃"中栽植的花木中就有"诸柘巴苴"。后汉人文颖（字叔良）注："巴苴草名，一名芭蕉。"《子虚赋》的这段叙述证明芭蕉在西汉以前作为庭园树种在湖北洪湖一带已有栽植。而在汉武帝大规模营建上林苑扶荔宫的过程中，自南方引种了大量奇花异

木，芭蕉也有幸名列其中，"有甘蔗十二本"。这表明在晋以前芭蕉已成为珍贵花木，进入皇家苑囿，栽培区域也由南向北推移。

南北朝时期，芭蕉在长江流域民间栽植已较普遍，南朝陶弘景在《本草经集注》中称："甘蔗本出广州，今江东（指芜湖、南京长江河段以东地区）并有，根叶无异，惟子不堪食耳。"北魏贾思勰在《齐民要术》中也引述了不少有关南方芭蕉的文献资料。唐代诗人王维画有《袁安卧雪图》，图中有雪中芭蕉。王维是河东（今山西）人，有别业在蓝田（今陕西蓝田）；袁安是东汉汝阳（今河南商水）人，微服时客居洛阳，遭遇大雪，僵卧于地。据这些资料分析，唐代芭蕉的民间庭栽，已由长江流域传入关中。

关于芭蕉栽培区域的进一步北移，五代时王仁裕撰写的《玉堂闲话》中有在甘肃天水引种芭蕉的记述，称"天水之地，迩于边陲，土寒不产芭蕉，戎师使人于兴元（今陕西汉中）求之，植二本于庭台间，每至入冬即连土掘取之，埋藏于地窖，候春暖即再植之"。可见当时在陕西汉中一带，芭蕉也已成为民间居宅喜爱种植的庭园观赏植物，并已摸索出芭蕉在北方栽培，地窖越冬的经验。

就这样，芭蕉舒展的宽大绿叶，覆盖了越来越多的国土，也成为艺文界的宠儿。芭蕉是诗人的爱物。韩愈的"芭蕉叶大栀子肥"，是何等的欢快；而"芭蕉不展丁香结，同向春风各自愁"，又是何等的惆怅。人生，就是一枚硬币的两面，也是一枚芭蕉叶的两面，更是上半月是栀子的肥硕、下半月又是丁香的纤瘦。

芭蕉，是上佳的听雨之物。诗人们"旋种芭蕉听雨声"，将芭蕉最大的美学价值——听雨开掘得淋漓尽致。白居易、杜牧为聆听雨打芭蕉，移蕉于窗前。白诗曰："隔窗知夜雨，芭蕉先有声。"杜诗曰："芭蕉为雨移，故向窗前种，怜渠点滴声，留得归乡梦。"听雨，似乎显得有些造作，但当代作家刘瑜说"每个雨天，都是一场免费音乐会"，此言甚妙。在老房子里听雨，更有一种很特别的感觉，觉得那雨要渗透进老房子的每一个毛孔，一切似乎都要在无声中融化，幸有芭蕉，把一切变得那么清脆，清脆到了好像又拥有了青春的翅膀。但每一个打下的雨滴，又像是一个惊叹号，或像滴滴答答的钟声，提醒你时光在不知不觉中流失，如手掌中拢不住的细沙……

芭蕉，又是上佳的习字之物。说到蕉叶上题诗作画，不能不提到两个人。一个是叫怀素的疯和尚。此人"笔下唯看激电流，字成只畏龙蛇走"，相传他种蕉万余株，每每大醉之时，便于蕉叶上翻墨倒海。他将自己的住处取名为"绿天庵"，山风啸啸，蕉叶滔滔，一个自由洒脱、狂放不羁的狂人游走在遮天蔽日的浓绿里，如天地间的精灵一般，笑傲于尘世之上。

另一个是《浮生六记》中的秋芙，这个女人实在懂情调，知趣味。比如，她用芭蕉来嬉戏，在芭蕉上题了诗，弄得夫妻闺房春意融融："是谁多事种芭蕉，朝也潇潇，晚也潇潇。是君心事太无聊，种了芭蕉，又怨芭蕉。"在芭蕉上题诗，历代都有，但秋芙这个病恹恹的婀娜女子做起来就特别唯美，所以竟被林语堂称为中国最可爱的女子。

只不过，墨和雨是犯冲的，只要一阵细雨，芭蕉上的字就将不再，就像你的人生之书，写在了芭蕉上，最终却什么印记也没有留下。

但春风依旧会来，老房子依旧还在，仍然会"红了樱桃，绿了芭蕉"。

后 记

大约从六七年前开始，写草木成为一种时尚，不少作家和写手都加入其中。倒不是说我有先见之明，而是回想起来，我写草木似乎起步较早，前前后后有20多年了。大大小小数百篇文章，长长短短数千首诗，出了两本散文集曰《草木皆喜》《最美的草木》，一本诗集曰《千叶集》。

30岁的时候写草木，是出于一个"知道分子"乐于炫耀的虚荣之心。孔老夫子"多识鸟兽草木之名"的谆谆教诲，早就被读书人抛诸脑后了。现代人植物学知识的匮乏实在触目惊心。当你在外地或异域旅行时，每逢有陌生、奇特的植物过眼，除非是瞎猫碰见死老鼠，刚巧碰到一位植物学家，否则你就休想知道芳名。年轻的导游熟知野史、购物信息和黄色笑话，可就是叫不出当地植物的姓名——所有的植物都是无名氏，都是"那谁谁谁"。这时候的我迷上植物学，其中大约一半成分是虚荣心使然，要把自己武装成一个"上知天文，下知草木"的百科型"知道分子"。

天文学够难的了吧？而研习植物学，一点不比研习天文学轻松。如果能有选择的机会，我宁可学天文而不愿学植物。因为，天上的星星虽然比地上的植物多，但一颗星星多半只有一个姓名，而地上的植物虽然能够数得清，但每种植物几乎都有两三个以上的不同姓名，让人看得眼冒金星！就拿常见的蔷薇为例，它的名字可就不少。《本草纲目》一口气列举了四个："此草蔓柔靡，依墙援而生，故名墙蘼。其茎多棘刺人，牛喜食之。故有山棘、牛勒诸名。其子成簇而生，如营星然，故谓之营实。"除此之外，蔷薇又叫刺蘼、刺红、买笑、雨薇……

　　按照米兰·昆德拉的说法，人类不仅有"著书癖"，还有"命名癖"。在他自己的小说《笑忘录》之中，就有一个绝妙的例子。女主人公塔米娜的丈夫特别喜欢给她起各种各样的名字，一个接一个地起，仿佛永不厌倦。接下来，书中有这么一段富有诗意的描述："他只是在最初相识的那两个星期叫过她真正的名字。他的柔情就是一台不断产生昵称的机器。她有很多名字，由于每个名字都不太耐用，他又不停地给她起新名字。在他们相处的十二年中，她有过二十来个、三十来个名字，每个名字都属于他们生活的一个具体阶段。"

　　从人自然联想到了植物。那五彩缤纷的名字，当是源自不同时期、不同地域人们那同样浓度的爱。于是，多名的草木有福了。

　　40岁的时候写草木，是出于一个"情怀主义者"急于表达的怜悯之心。在我看来，一片树叶的飘零，或许要比一种时尚的凋谢更有意义；一粒种子在鸟腹和溪水里的旅行，或许要比一位文学大师的精神历险更惊心动魄。于是，贬抑人类褒扬植物，就成了这时候主要的写作倾向。

　　正如尼采所言："在这个星球的所有居民之中，我认为树是最高贵的。它们确实显示出最完美的对称感。树木不断挣扎向上，不放弃自己的根，将根更加深植在产生它们的土地之中。"但在这个星球上，高贵和完美往往是弱势的同义词。植物们的命运似乎掌握在人类手里，被驱使、被利用、被改造、被砍伐，而树默默地承受着这一切。而当树死去之后，甚至当它们被人类用机巧之心做成各种家什之后，我觉得那住在树木中的树神仍然没有迁徙，它仍然在默默地注视着人类自以为是的生活，并从根部发出嘲讽的笑声。

黑塞则说："树有如圣物。懂得和它们谈话和懂得聆听它们的人就会懂得真理。"40 来岁大约是最为忙碌的年纪，也是特别担心被物化和俗化的年纪。我平日陷在庸常的琐事里，而那些静心与树对视的瞬间便成了少有的"圣洁时刻"。其实我够不上资格与它们对话，只能观察和倾听，我从树上听到的两个词是：生机和忍耐。树在城市里听任浮躁的人们摆布，当整个世界在它们的枝头喧哗与骚动时，树所做的只是默默地把根伸入更深的地方……

现在看来，这样的"情怀主义"是有些矫情的，怜悯心也有点儿泛滥。但植物的的确确有着自己的情感，是人类难以"共情"的；更有一种生存智慧，是人类所难以企及的。

50 岁的时候写草木，则是出于一个"俗世主义者"易于满足的随喜之心。《小猪佩奇》有一集叫《春天》，里面有这样一个场景，酷爱园艺的猪爷爷指着地上冒出的新芽，对佩奇和乔治说："春天里看到幼芽在生长，是多么令人激动啊！"我也到了猪爷爷这样的年龄——这样的年龄，真是不挑剔、不设限、不较劲，看什么都觉得好！城市里的盆栽好，乡野里的茅草同样好；文人案头的清供好，百姓桌上的俗花同样好；本土的寻常品种好，异域的珍奇品种同样好……

春来草自青，秋到叶自落。自古如此，就是这样。草木在人类之外兀自生长，自给自足于"没有我们的世界"。眼下疫情严峻，全球大大小小的许多城市，人类的室外活动一下子减少了许多，而在这些地方，包括空气、流水、动植物在内的生态，正以惊人的速度恢复，可谓"立竿见影"。古人云"树犹如此，人何以堪"，草木从来是以不变应万变，所以，人类真的不必怜悯和担忧它们的命运，需要怜悯和担忧的是人类自己的命运。

它该长则长，你该看则看。看在眼里，就是欢喜；写在纸上，则是印迹。心理学大师荣格这样告诫世人："你们应该在这个世界上留下某种印迹，说明你曾来过这里，某种事情曾发生过。要是这样的事没有发生，那你们就是尚未意识到你们自己，于是那生命的胚芽便落进了一层厚厚的空气中并始终悬浮在那里，它永远接触不到大地，它永远接触不到大地，因而也就永远不能生成一棵植株。"

我写下的这么多文字，能否成为幸运的"生命的胚芽"，进而长成"一棵植株"，就看它自己的造化了。

而我深知，编辑们对这些文字的每一次校改，都是一次从内心深处给予的阳光照射；读者们对这些文字的每一次眷顾，都是一次从眼神里流出的清泉灌溉。在此，谨致以诚挚的谢意。

五十种中国原生树木

苍翠志